图书在版编目(CIP)数据

跟着档案看上海/徐未晚主编;上海市档案局(馆)编.
上海:同济大学出版社,2021.1
ISBN 978-7-5608-9599-4

Ⅰ.①跟… Ⅱ.①徐… ②上… Ⅲ.①城市史-建筑史-上海 Ⅳ.①TU-098.12

中国版本图书馆CIP数据核字(2020)第234158号

跟着档案看上海

上海市档案局(馆) 编

主　　编	徐未晚
出版策划	《民间影像》
责任编辑	陈立群(clq8384@126.com)
视觉策划	育德文传
内文设计	昭　阳
封面设计	昭　阳
电脑制作	宋　玲　唐　斌
责任校对	徐春莲

出　　版	同济大学出版社　www.tongjipress.com.cn
发　　行	上海市四平路1239号　邮编 200092　电话 021-65985622
经　　销	全国各地新华书店
印　　刷	上海锦良印刷厂
成品规格	170mm×213mm　320面
字　　数	312 000
版　　次	2021年1月第1版　2021年1月第1次印刷
书　　号	978-7-5608-9599-4
定　　价	128.00元

跟着档案看上海

上海市档案局(馆)编

主编 徐未晚

同济大学出版社

主 编

徐未晚

编 委

徐未晚　肖　林　蔡纪万
方　城　王晓岗　郑泽青

序　言

　　习总书记指出，文化是城市的灵魂。城市历史文化遗存是前人智慧的积淀，是城市内涵、品质、特色的重要标志。要妥善处理好保护和发展的关系，注重延续城市历史文脉，像对待"老人"一样尊重和善待城市中的老建筑，保留城市历史文化记忆，让人们记得住历史、记得住乡愁，坚定文化自信，增强家国情怀。

　　上海是中国共产党的诞生地，又是中国现代化进程中起步最早、发展最快的城市，具有先进的市政管理模式，发达的工商都市经济，充满生机和活力的城市文化，集红色文化、海派文化、江南文化于一体。像上海这样的传奇大都市，有无数内容可以列入研究课题。数十年来，记载上海发展变迁的通史、断代史，描摹上海社会文化、建筑景观、市民生活的各类正史演义层出不穷，从不同角度演绎着上海的发展历史，其中上海市档案馆以其丰富的馆藏资源和相应的研究，占据着一席之地。

　　上海市档案馆此次结集出版的《跟着档案看上海》，是探索城市文化、触摸城市灵魂的又一佳作，荟萃了城市发展史上的14个地标，既有一大会址、周公馆这样的红色纪念地，也有独具深厚历史文化底蕴的人民广场、工部局大楼、永安公司、大世界、外白渡桥、法邮大楼，还有反映改革开放后上海城市发展变化的东方明珠电视塔、南浦大桥，更有上生·新所、"船厂1862"等"网红打卡地"，以及从"工业锈带"变身"生活秀带"的杨浦滨江。

这些城市地标，不仅为上海人所熟悉，而且也是外地乃至世界各地朋友们经常光顾的场所，充分反映了上海城市历史文化的精华。通过这些地标，读者得以一窥上海城市发展的历史文化底蕴。但如果止步于此，则仍然属于城市历史文化的回眸。本书让人印象深刻的是，作者描绘这些地标的落脚点，并不完全在于过往的梳理，更着眼于改革开放后城市的变迁和空间的更新，这对我们深刻领会习总书记关于"人民城市"的重要理念，进一步开展党史、新中国史、改革开放史、社会主义发展史的学习教育，有着重要的现实意义。

档案是历史的黑匣子，它不会说话，却胜过千言万语，关键在于我们档案人的解读。对热爱这座城市的人来说，他们能发现身边的变化，但背后的故事也许可以在档案里找到某种答案。答案准确与否，很大程度取决于解读者的工作。本书通过对档案史料的挖掘、梳理和研究，一些鲜为人知的材料得以一一浮现；每一篇文章都有故事有细节，更有一定的开拓和深化。全书共有400多幅插图，绝大部分系档案馆馆藏，文书、地图、照片、实物兼具，中外文并收，其中不乏首次披露的珍贵档案资料，既体现了档案的多姿多彩，更给了一般读者走进档案、体会档案魅力的良机。

要进一步挖掘上海红色文化、海派文化、江南文化的深厚底蕴，离不开历史档案的开发利用和深入研究，更离不开档案人的辛勤付出。作为一名档案人，要进一步深刻领会和贯彻落实习总书记重要讲话精神，不断增强责任感、使命感、紧迫感，呈现档案价值，讲好党的故事、革命的故事、城市的故事，是我们档案人应尽的社会责任。档案工作的意义，不就是为了寻找、传承一代代人的初心和使命？

上海市档案馆保存有460多万卷档案，这些珍贵档案既蕴涵了历史文化记忆，也是我们围绕中心、服务大局的宝贵财富。近年来，在未晚局长和其他局(馆)领导主持下，局(馆)成立多个课题研究小组，旨在长远，重在人才，意在服务，坚持正确方向，创新方式方法，加强资源整合，在开发利用档案资源与传承红色基因、促进城市历史文化研究方面，已经做了大量工作，推出了不少成果，得到社会各界高度好评。

据我了解，本书作者绝大部分不是专业编研人员，各有本职工作在身，有的还缺乏利用档案进行写作的经验。但他们在领受写作任务后，克服各种困难，认真爬梳档案，仔细打磨文字，精心选择配图，历时一年多，才有了本书的付梓。我在市档案馆工作三十多年，长期从事档案编研工作，深知其中的甘苦。对经常接触档案内容的人来说，深入浅出，多少会有所收获，但对从未直接与档案打过交道的年轻人，要从中寻幽抉微，形成完整的思路和结论，肯定要付出更多。故而我对本书的出版表示衷心祝贺的同时，还要向作者表达由衷的谢意。当然，他们通过写作也拓宽了知识面，对今后的工作肯定有所帮助。

承载历史、记录荣光、给人启迪，是档案人的光荣职责。在即将迎来中国共产党成立100周年之际，我们一定会百尺竿头更上层楼，以更加饱满的精神状态、更加丰硕的工作成果，在档案资源的开发利用、编研展陈与为民服务等方面，进一步加强与有关方面的合作，更好地发挥档案资政育人的作用，努力践行档案人的初心和使命。

是为序。

邵建培

写于2020年国庆、中秋双节假日

工部局大楼的前世今生 ………………………………………………… 179

百年沉浮话永安 …………………………………………………… 207

『船厂1862』——黄浦江畔的工业遗产 ……………………… 231

上生 · 新所与哥伦比亚圈 ……………………………………… 251

『万体馆』里的上海记忆 ………………………………………… 269

南浦大桥——上海市区第一座黄浦江大桥 …………………… 283

东方明珠广播电视塔 …………………………………………… 305

后记 ……………………………………………………………… 319

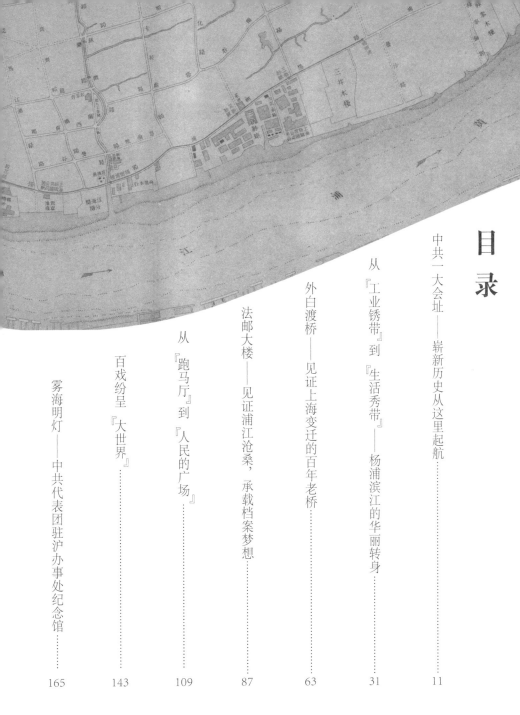

目录

中共一大会址——崭新历史从这里起航 11

从『工业锈带』到『生活秀带』——杨浦滨江的华丽转身 31

外白渡桥——见证上海变迁的百年老桥 63

法邮大楼——见证浦江沧桑，承载档案梦想 87

从『跑马厅』到『人民的广场』 109

百戏纷呈『大世界』 143

雾海明灯——中共代表团驻沪办事处纪念馆 165

中共一大会址

——崭新历史从这里起航

1921年7月23日夜，在上海法租界贝勒路树德里(今黄陂南路374弄)一幢石库门楼房的客厅里，十几个人正围坐在一张长条形餐桌的四周，桌上放着茶具和一对紫铜烟缸，还有一只装饰着荷叶边的粉红色玻璃花瓶。客厅不算宽敞，约18平方米，十几个人坐下来，就显得满满当当了。屋里的这些人多是一副读书人的模样，其中还有两个外国人。此时，他们正热烈而低声讨论着什么。在客厅的屋顶，悬挂着一盏电灯，微弱的灯光映照在玻璃门窗上。

那时的法租界，许多地方还颇为冷清。在这幢楼房的对面，就是荒凉的农田。夜晚，沉沉的黑暗笼罩着这片大地，一切似乎都显得一如往常。然而，就在这间并不起眼的客厅里，正发生着一件中国历史上开天辟地的大事件——中国共产党第一次全国代表大会在此召开。客厅里的这十几个人正是参加大会的各地代表及共产国际代表。从此，一段彻底改变古老中国命运乃至世界格局的历史就此启航。

回溯到一年多前，1920年2月，陈独秀为躲避反动军阀政府迫害，离开北京来到上海。此时，俄国十月革命的影响已波及中国，以陈独秀、李大钊为代表的一批中国先进知识分子，以救国救民、改造社会为己任，开始信仰马克思主义，重新思考中国的前途和人民的命运，探求改造中国社会的新方案。1920年5月，陈独秀、李达等人在上海组织马克思主义研究会，公开宣传马克思主义。原在北京的《新青年》杂志也将编辑部搬迁到上海继续出版。具有初步共产主义思想的知识分子深入上海工人群众，编辑出版物宣传马克思主义，迈出了在思想上、组织上筹备建立无产阶级政党的步伐。与此同时，共产国际也将目光投向中国，俄共(布)远东局派出维经斯基等人来华，并在上海会见了陈独秀，帮助筹备建党。

1920年6月，陈独秀、李汉俊、俞秀松等人决定成立共产党组织，还起草了10条党的纲领。1920年8月，上海早期共产党组织在法租界老渔阳里2号(今南昌路100弄2号)《新青年》编辑部正式成立，并定名为"中国共产党"，由陈独秀任书记。这是中国的第一个共产党组织，实际上起着中国共产党发起组的作用。

1920年8月22日，在上海共产党组织指导下，上海社会主义青年团于法租界霞飞路渔

一大会址

阳里(今淮海中路567弄)6号成立,俞秀松任书记。1920年9月,上海共产党组织创办了第一所培养革命干部的学校——外国语学社,设英、法、德、俄、日语各班,成为各地来沪进步青年学习革命理论知识和外语的重要基地,其中的优秀分子,如刘少奇、任弼时、任作民、罗亦农、萧劲光、王一飞、曹靖华等还被选送到苏俄进一步学习马克思主义学说,为中国革命培养干部。1920年11月7日,为了更直接更全面地向进步知识青年进行社会主义和党建理论教育,上海共产党组织还创办了半公开的大型机关刊物——《共产党》月刊。

从1920年8月到1921年春,全国各地及海外共产党早期组织相继成立,正式成立中国共产党的条件不断成熟。1921年6月初，共产国际代表马林和共产国际远东书记处代表尼科尔斯基先后抵沪，在和上海的共产党早期组织商议后，决定在上海召开中国共产党第一次全国代表大会，并通知各地党组织，各派两名代表到上海出席会议。参加大会的各地代表共13名：上海的李达、李汉俊，武汉的董必武、陈潭秋，长沙的毛泽东、何叔衡，济南的王尽美、邓恩铭，北京的张国焘、刘仁静，广州的陈公博，旅日的周佛海，以及陈独秀指定的代表包惠僧。他们代表着当时全国的50多名党员。马林和尼科尔斯基也出席了会议。7月23日，中共一大开幕。会场设在上海代表李汉俊之兄李书城的住宅内。

共产党组织在上海的活动引起了租界当局注意，在上海市档案馆所藏公共租界工部局《警务日报》里就有不少内容与此有关。1920年8月22日，《警务日报》出现了一则大篇幅的情报秘闻，记述了陈独秀到达上海的消

摄于解放初期的老渔阳里2号《新青年》编辑部外景

在上海出版的《新青年》杂志

上海早期共产党组织编辑出版的《劳动界》
上刊登的陈独秀的文章

上海早期共产党组织发表的《中国共产党宣言》

《共产党》月刊创刊号

霞飞路渔阳里(今淮海中路567弄)6号的外国语学社(摄于1960年代)

息，以及其之前宣传"激进"思想的情况。1921年五一节前，上海的共产党早期组织积极筹备劳动节庆祝活动，《警务日报》中也对此进行了密集记载。随后，筹备活动受到租界当局阻挠。中共一大召开期间，会场受到法租界巡捕干扰，代表们转移至浙江嘉兴南湖，在一艘游船上召开了最后一天的会议。

最终，党的"一大"有惊无险地闭幕了。会议通过了中共的第一个纲领和决议，选举了中央局领导机构，当时在广州的陈独秀被推选担任党的书记，北京代表张国焘被选为组织主任、上海代表李达被选为宣传主任，全国各地的共产党组织集合在同一面旗帜下。从

解放初期初步复原的一大召开
时会议室

此，灾难深重的中国人民有了可以信赖的组织者和领导者，中国革命有了坚强的领导力量。在石库门里点燃的星星之火，驱散黑暗，让古老的中华大地重新焕发出勃勃生机。谁曾想到，当年这一仅有50多人的组织，历经百年风风雨雨，由弱变强，发展壮大成世界上为数不多、具有强大政治领导能力的成熟政党。

时光荏苒，斗转星移，三十年过去了，中华大地已然换了人间。新中国成立后的1951年，为迎接建党30周年，中共上海市委决定寻访中共一大会址。然而，三十年之后要在偌大的上海寻找一幢普通的石

17

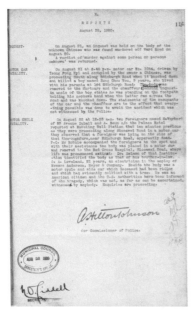

1920年8月22日《警务日报》在"中国情报"一栏中刊载，关于陈独秀的情报

库门楼房又谈何容易。负责此事的上海市文化局沈之瑜处长和宣传部干部杨重光一领受任务，便立刻全身心投入寻访工作中。

一开始，他们找到了原法租界白尔路(后更名为太仓路)的博文女校，并认为一大会址便在女校楼上。后中宣部明确告知他们，博文女校并非一大会址，而是当时毛泽东等部分代表的寄宿之处。一大会议应为原法租界贝勒路李汉俊寓所，但具体位置和门牌号不详，要求他们仔细寻找。经中宣部介绍，杨重光等人拜访了李汉俊之兄李书城。李书城告诉他们，当时他和李汉俊住在一起，地址是在贝勒路树德里弄底的最后两幢房子，最末一间是他自己住，最末第二间是李汉俊住。这样，寻访的目标总算清楚了。

沈之瑜和杨重光等人根据新获得的线索，再次实

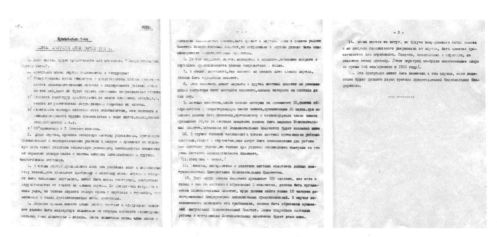

中共一大通过的《中国共产党纲领》俄文版。由于时代久远，该份文件原件未能找到，新中国成立后，苏联将其保存的俄文版转交中方

解放初期经初步复原的博文女校(照片左侧部分)。1920年7月,参加中共一大的毛泽东等9名代表以"北大师生暑期旅行团"名义在此住宿

地走访勘查,确认贝勒路树德里就是靠近兴业路(1921年时为望志路)的黄陂南路树德里。沿着兴业路共有五幢建于1920年夏秋之间的房子,由东向西为兴业路70、72、74、76、78号(1921年时分别为望志路100、102、104、106、108号)。据房东回忆,西面的望志路106、108号这两幢房子曾被一位姓李的先生租住,当时人称李公馆。房子正门在兴业路上,但按上海人的习惯,一般不从石库门房子的大门进出,而是从开在贝勒路树德里的后门出入,所以当事人大都只记得贝勒路树德里。这些与之前所获悉的情况基本吻合。

为了确保无误,寻访人员请当年曾去过李汉俊家的周佛海之妻杨淑慧到

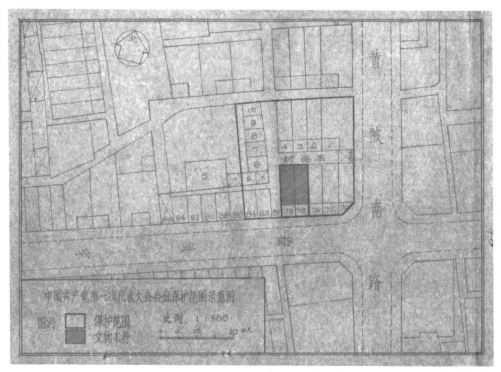

1964年绘制的一大会址保护范围示意图。可清楚看到一大会址后面即树德里，人们一般由此进出

实地查看。时过境迁，当年的"李公馆"已面目全非，杨淑慧一开始竟未能认出。后来，经仔细寻访查看，她终于发现那幢白墙上刷着个巨大"酱"字以及砌着"恒昌福面坊"招牌的房子，很像当年的李公馆。进入房内，杨淑慧很快便回忆出了当时的房屋布局及家具陈设，这些与李达等一大代表的回忆基本一致。原来，李书城搬走后，房东对这排房子进行了改建，在望志路106号开设了恒昌福面坊，东面的三幢则变成了万象源酱园。

经过细致考证，至1951年6月，一大会址最终得以确认。10月，中共上海市委决定以一大会址为主体，建设"上海革命历史纪念馆"，并着手搬迁原居住于此的居民，修缮复原会址建筑及内部陈设。1952年，一大会址作为上海革命历史纪念馆第一馆开始内部开放，接待中外重要宾客和有组织的参观者。但当时的恢复还只是初步的，无论建筑外观还是内

1951年，一大会址修复前的景象，面坊、酱园字样清晰可见(《解放日报》提供)

部陈设，均未完全复原到本来面目。同年9月，当年一大部分代表住宿的博文女校，也在修复后作为上海革命历史纪念馆第三馆内部开放。此外，人民政府为保存早期进步文化遗产，还向原《新青年》杂志的出版方群益书社收购了全套《新青年》的纸型及样本。

　　经过三十多年的岁月洗礼，一大会址建筑内外都发生了不小变化，在上海市档案馆所藏

1952年6月，经初步修缮的一大会址。其时，会址外观与"一大"召开时差别较大

少先队员参观开放不久的一大会址(《解放日报》提供)

1953年《兴业路七十八号第一馆房屋三十二年前情况调查补充报告》中，纪念馆工作人员通过访问知情人，获得了以下几点情况："①现在我第一馆(即一大会址)前面只留一个石库门，东面厢房前开了一扇窗，照他们的说法，当时是两个石库门，无窗。②现在我第一馆有厢房，照他们说当时尚无厢房。③现在我馆前面尚非清水墙，照他们说当时是清水墙。④两间石库门里的天井应隔开，这与现在也不同。"

外貌复原不易，恢复室内陈设更难。由于当时开会的代表只在会场待了几天，且时间相隔太久，记忆难免有

24

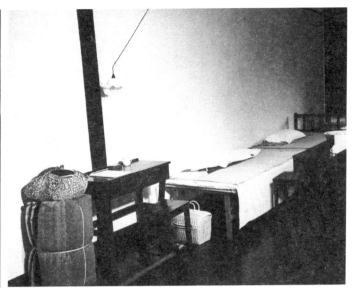

初步复原的博文女校"一大"代表住宿处

误。一开始,纪念馆根据李达和包惠僧的回忆,将"一大"的会议室布置在兴业路78号楼上。然而,其他当事人的回忆却与此不同。1956年春节,董必武来纪念馆视察,就肯定地指出会场应该在楼下。董必武分析说,"当时不像现在,人家有女眷,我们怎的去到楼上去开会呢?何况我们的会议又有外国人。"此外,李书城夫人、当时的屋主薛文淑也认为:"我记得他开会是在楼下的。楼上一间是我们的起坐间,我不大欢迎别人到这间房里去的。何况楼上也没有会议台,楼梯又极狭小,楼下的会议台是不可能搬上楼去的。"经过分析,楼下开会的说法更为合理。根据这些回忆及进一步考证,1958年,中共一大会址按当年建筑原状修复后重新开放。1961年,这里成为第一批全国

1952年夏、陈毅(左二)、潘汉年(右)等市领导瞻仰一大会址

1952年6月，少先队员参观一大会址会议室(《解放日报》提供)

重点文物保护单位。1968年改今名"中国共产党第一次全国代表大会会址纪念馆"。1984年，邓小平同志为纪念馆题写了馆名。江泽民、胡锦涛等党和国家领导人都曾到纪念馆参观和指导。

经过修葺，一大会址连同相邻房屋基本恢复为1920年代的建筑风格。每幢楼房都为一楼一底，坐北朝南，砖木结构。围墙和山墙为青砖清水墙镶水平红砖饰带。半圆形门楣上塑有矾红色西式山花，尺寸比一般石库门大。门框四周由米黄色花岗岩石条围成，乌黑的木门上配有一对沉甸甸的铜环。整个建筑显得朴实典雅，称得上是上海石库门建筑的代表。

经多次改扩建，中共一大会址纪念馆馆舍面积已超过3000平方米，馆藏文物史料和历史

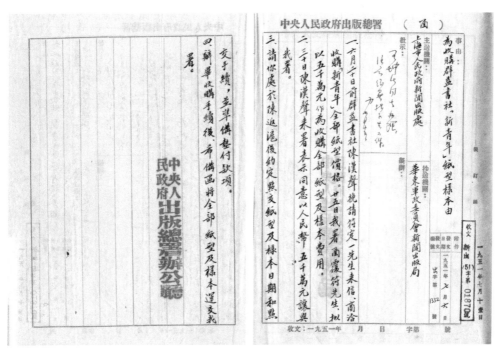

1951年7月，中央人民政府出版署收购群益书社，《新青年》纸型及所有样本的档案

照片10万余件，其中文物3.8万余件，定为国家一级文物的118件。截至2012年，纪念馆累计接待国内外观众1225万人次。2017年10月31日，党的十九大刚刚闭幕一周，习近平总书记就带领中共中央政治

上海革命历史纪念馆对一大会址1921年情况的调查补充报告

1958年重新修复开放的中共一大会址

局全体常委来到上海瞻仰中共一大会址，回顾
建党历史，重温入党誓词。习近平总书记深情
地将这里称作中国共产党人的精神家园，强调
只有不忘初心、牢记使命、永远奋斗，才能
让中国共产党永远年轻。只有全党全国各
族人民团结一心、苦干实干，中华民族伟
大复兴的巨轮才能乘风破浪，胜利驶向光
辉的彼岸。

　　如今，每个开放日，来纪念馆参观的

"文革"时期的一大会址

28

1990年代,公安干警在一大会址前宣誓

2011年5月20日,修缮一新的中共一大会址纪念馆重新免费对市民开放(《解放日报》提供)

2016年7月1日,在中共一大会址门前等候参观的游客(《解放日报》提供)

如今的中共一大会址纪念馆

游客总是络绎不绝。人们在这里追寻历史、缅怀先烈，感悟中国共产党"为中国人民谋幸福，为中华民族谋复兴"的初心和使命。而在一大会址周边，早期上海党组织的重要活动地点"外国语学社"、曾经拟作为"上海革命历史纪念馆第二馆"的《新青年》编辑部也都重修一新，开门迎客。2019年8月31日，在中共一大会址纪念馆旁，新的中共一大纪念馆正式开工建设，计划于2021年建党百年之际正式开馆。这一反映建党光辉历程和伟大建党精神的城市地标将以全新面貌展示在世人面前。

（陆闻天）

从"工业锈带"到"生活秀带"

——杨浦滨江的华丽转身

杨浦滨江(《解放日报》提供)

杨树浦是上海的区域名称，位于杨浦区南部，泛指黄浦江以北、大连路以东地区，因杨树浦港得名。1869年，公共租界在苏州河以北沿黄浦江边修了一条马路，定名为杨树浦路，此后，凡周边沿港、沿路的地区都习称为杨树浦，又因该区域地处上海市区东部，也成为上海沪东地区的重要组成部分。以杨树浦路为中心的杨树浦区域，是近代上海乃至中国工业的重要发源地之一，它的出生、发展、繁盛、衰退和重生，见证了上海百年工业的沧桑巨变，也实现了自身从"工业锈带"到"生活秀带"的华丽转身。

杨树浦区域的近代工业始于19世纪80年代。因其地处黄浦江下游，装卸物资便利，沿江大量滩地又相对售价低廉，还有杨树浦路与租界中心区相通，交通十分便利，非常适合

1880年，英商上海自来水公司收购立德洋行水厂的协议

1883年，英商上海自来水公司委托老德记药房出具报告，表明水厂的自来水水质"极度清洁，适宜于生活饮用"，打消了人们的顾虑

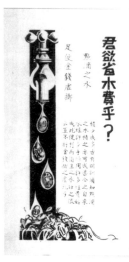

英商上海自来水公司广告画底稿

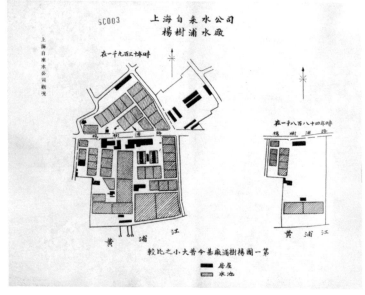

杨树浦水厂今昔占地图

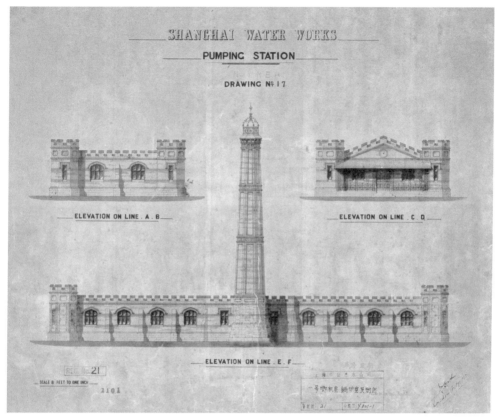

杨树浦水厂厂房设计图

建设码头工厂。由此，被当时的外国人视为开办工业的理想场所。早在1875年，英商立德洋行就在这里设立自来水厂，直接从黄浦江取水。后来由于水费昂贵，水厂维持数年后停业。1880年，英商上海自来水公司收购了该水厂，次年6月，以此为基础又开始建设新的自来水厂。新的水厂由英籍工程师赫德(J.W.Hart)设计，上海耶松船厂等外商承包施工，1883年5月竣工，同年8月1日正式对外供水。水厂开幕当日，李鸿章亲临水厂开闸放水。水厂设计能力为日供水量150万加仑(6818立方米)，初期占地111亩(7.39万平方米)，生产流程为潮汐进水，慢滤池过滤，蒸汽机出水。初期供水区域为公共租界、法租界及越界筑路

杨树浦水厂厂区

英商怡和纱厂

1941年英商怡和纱厂股票　　联合征信所关于杨树浦祥泰木行概况调查报告书　英美烟草公司生产的大前门牌香烟广告

民国二十年上海杨树浦三月三统铭机洋纱布厂，全部厂机归美商宗敬志由中国公司申收营业，改织花美棉布，局全统三栅房屋归美商宗敬志公司，申收买营业自今在新厂织布，为美棉纱厂。第九申新纺织新旧机器设置机往新厂，为拆除惟有我国之首先纱厂不日即建部往新厂，有基澳门路新厂是有不忍湮没先新厂，拆我国之首先纺织攝有影帧以二，实有是八帧，創办纱厂，留有纪念二国攝有影帧以二，中華民國二十一年六月二十一日申新九厂识

申新纺织第九厂整体搬迁前的正门

37

申新纺织九厂搬迁

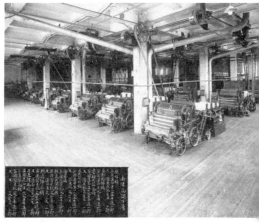

及车间内景(右)

申新纺织第七厂外景

永安纺织有限公司的"大鹏"商标

1934年《生活画报》刊登的中国亚浦耳电器厂介绍

杨树浦发电厂外景，中间为22000伏独立变电站　　　　1916年扩建的杨树浦发电厂涡轮机房

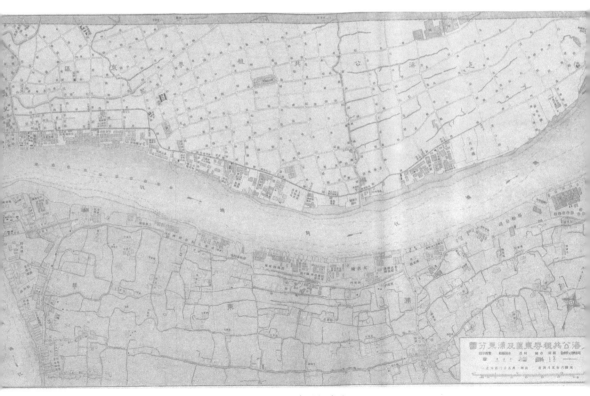

1918年上海地图中的杨浦滨江

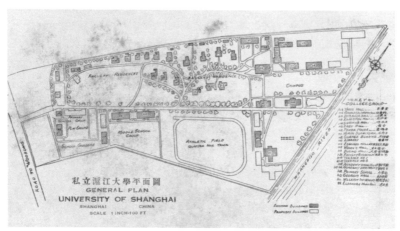

私立沪江大学平面图，图中科学馆、体育馆、宿舍等一应俱全

位于杨树浦军工路的私立沪江大学鸟瞰

等地区，用水人口约16万人。第一年总出水量1.245亿加仑(56.6万立方米)，平均日出水量3698立方米。至20世纪30年代末，这座位于杨树浦路830号的水厂日供水能力达40万立方米，占地扩大至386亩(25.7万平方米)，成为远东第一大水厂。

自19世纪末开始，外商争相涌入杨树浦开办工厂。日商裕丰、大康、公大等七大纺织财团先后开办17家纺织厂、4家冶金厂；英商先后创办马勒等3家造船厂，以及中国肥皂公司、英美烟厂、怡和等纺织厂20余家；美德等商人共开办了美商慎昌洋行杨树浦工厂、祥泰木行等10家工厂。至1937年，杨树浦一带共有57家外商工厂。凭借雄厚的资本和特权，外商在许多行业处于垄断地位，获得了高额利润，如英商中国肥皂公司和英美烟厂的产品，在中国市场销量一度占到市场份额的70%~80%。

为了挽回利权，上海的民族工业也不甘示弱，也开始在杨浦滨江

沪东公社中小学毕业同学及全体教职员摄影(1936，奉化市档案馆提供)

地区设厂，意图在与外商的竞争中闯出一条道路。早在1882年，官督商办的上海机器造纸局就集资15万两白银在杨树浦路408号建厂投产。1890年，国内最早的机器棉纺织厂上海机器织布局投产。1893年该厂毁于火灾，次年重建，改名为华盛纺织总厂。以后又先后改名为集成纱厂、又新纱厂和三新纱厂。1931年成为荣氏产业，更名申新纺织第九厂并整体迁至西区苏州河畔。至20世纪30年代，杨树浦一带的民族企业有荣氏家族的申新第五、第六、第七棉纺织厂；郭氏永安系统的永安第一棉纺织厂。在电子和机器行业中，这里有亚浦耳灯泡厂和益中机器股份有限公司，以及正泰橡胶厂、中华造船厂、中国毛绒厂等。至1937年，杨树浦的民族工业已发展至301家。

20世纪初期，上海工业用电需求日益增长，上海公共租界工部局原来设在斐伦路(今

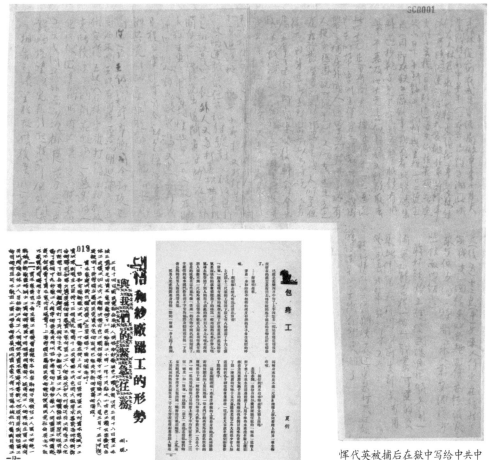

SC0001

1934年，中共地下党组织出版的《团的建设》上有关上海怡和纱厂罢工的文章

夏衍所著《包身工》，发表于1936年左联机关刊物《光明》创刊号

恽代英被捕后在狱中写给中共中央的报告，叙述了自己被捕的经过和在狱中的"口供"

九龙路30号处)的中央电站发电能力已不堪负荷。1911年，工部局花费七万五千两白银，在杨树浦沈家滩圈地39亩，建造"江边蒸汽发电站"(即杨树浦发电厂)。1913年4月12日，总装机容量4000千瓦的江边电站正式供电。到1923年，江边电站共有发电机组12台，锅炉26

王孝和在国民党上海高等特种刑事法庭外(章虎臣摄，陈立群提供)

台，总设备容量12.1万千瓦。至1929年，电厂的发电量已经相当于当时英国著名的曼彻斯特发电厂，成为当时远东最大、效益最好的火力发电厂，为杨树浦乃至上海境内的工业发展提供了充足的能源保障。

从1918年的上海地图中可以看到，自秦皇岛路开始，杨浦滨江地带南满铁路公司、瑞记纱厂、瑞镕船厂、老公茂纱厂、怡和纱厂、恒丰纱厂、自来水公司、杨树浦纱厂、致富堆栈、江海关分关、祥泰木行、三新纱厂、上海纺织公司英国第二厂、三井木栈、工部局电灯厂等一字排开，离滨江稍远处还有上海纺织公司英国第十厂、振华纺织公司、又新纱厂、三泰纱厂等企业。这里已是一个以纺织、卷烟、机器、造船为主体，包括水、电等市政公用事业的工厂林立、产业工人集中的大型工业区。当时，厂房林立的杨树浦一派繁忙景象，江边

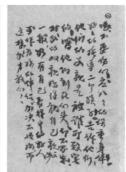

王孝和在狱中写给妻子的最后一封信

1948年刊登于《上海劳工通讯社》的《王孝和烈士死难前后》

码头不停吞吐原料成品，工人鱼贯进出沿杨树浦路设立的各厂大门。1919年，杨树浦一带拥有工人20万，占上海全市产业工人总数的三分之一、全国工人数量的十分之一。

1917年，上海沪江大学(今上海理工大学杨浦校区)社会学系主任葛学溥博上(Daniel

1950年"二六"轰炸后杨树浦发电厂锅炉间损毁情形

Harrison Kulp)鉴于当时杨树浦地区"工厂林立，人烟稠密，种种社会实业均未举办，甚至工人求学之所，尚付阙如；而工人恒无相当学识，以致生计迫蹙，不免贻社会之隐忧"，遂在杨树浦路1509号发起成立了近代中国第一家社会服务机构——"沪东公社"。沪东公社为杨树浦地区的工人开设英文夜校及职工补习学校，聘请中外名人到公社演讲，以及开办了民

1950年"二六"轰炸后的杨树浦发电厂

众阅报室、平民女校、职业指导、民众餐室、施诊所等，为社区居民提供多样化的服务。

　　繁华背后，是工人苦难的生活境遇。当时社会上流传着一句民谣："若要苦，杨树浦"，劳资矛盾和对立严重。由此，杨树浦也成为中国近代工人运动的发祥地之一，有着光荣的革命传统和浓浓的"红色基因"。

　　1920年10月，在上海共产主义小组帮助下，江南造船所钳工李中、杨树浦电灯厂工人陈文焕等人发起建立中国第一个新型工会——上海机器工会。

　　1923年7月，杨树浦地区最早的党组织——虹口小组成立。

　　1925年2月，3.5万工人在中共杨树浦支部领导下发动"上海日商纱厂工人二月同盟大罢工"，成为"五卅运动"的先声。

　　1926年5月，中共地下党杨树浦部委以纪念"五卅"运动一周年的名义，领导怡和纱厂工人发动罢工。中共地下党员王根英积极组织纱厂工人进行示威游行，成为国民党反动

1950年"二六"轰炸杨树浦发电厂损失报告

杨树浦发电厂工人积极开展工作，为上海全面恢复生产提供了保障

派的通缉对象。在武汉工作期间，王根英与陈赓将军结为伴侣。1939年3月8日，王根英在冀南军区驻地，为保护党的文件壮烈牺牲在日军刺刀之下。

1927年2月，中共中央军委书记周恩来亲临中共杨树浦部委机关华德路斯文里13号(今长阳路394弄)主持召开会议，研究第三次武装起义的有关事项。

面貌一新的杨树浦发电厂

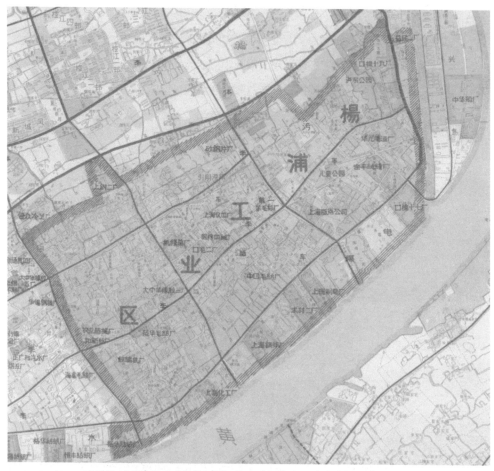

1958年，上海市干道系统规划暨五八年建设初步规划总图中的杨浦工业区

1930年5月6日，时任上海沪东区行动委员会书记恽代英，在怡和纱厂接头时被英国巡捕逮捕。次年4月29日，恽代英于南京英勇就义。

1935年，著名作家夏衍深入杨树浦地区的日商上海纱厂(后为上海第九、十五、十六棉纺织厂)及大康纱厂(后为上海第十二棉纺织厂)进行调查，创作了著名的报告文学《包身工》。

1952年，杨树浦工人们向苏联电影艺术工作者代表团赠送了自制的小型马达模型和一面缀着该区120多个工厂厂徽的锦旗，这些工厂大多坐落在杨浦滨江一带

新中国成立后，杨浦滨江工业区涌现出许多英模人物。这是被评为第一批全国劳动模范国棉十七厂(前身为日商裕丰纱厂)纺织女工黄宝妹

上海永安一厂游行队伍前列的标语(1960)

永安一厂工会主席朱益剑在实施劳动保险第一批退职养老职工大会上发放第一次养老金

1948年4月21日，杨树浦发电厂工人王孝和被敌人秘密逮捕，在狱中受尽酷刑，在国民党"特刑庭"审讯时，他义正词严地驳斥敌人的无耻谎言，把法庭当作揭露国民党反动派罪恶的讲坛。同年9月30日他英勇就义，年仅24岁。

……

上海解放后，杨树浦终于回到人民手中。然而，就在新中国百业待兴之际，国民党空军悍然对上海发动空袭，意图将新上海扼杀在摇篮之中。自1949年6月起的一年间，上海所遭空袭多达70余次。1950年初，蒋介石在台北草山召开军事会议，通过了对上海的发电厂、自来水厂、码头、仓库、船只、车站、铁路、桥梁等重要设施进行广泛轰炸的决定，妄图以此来瘫痪上海的经济和生活。

1950年2月6日，国民党空军出动14架轰炸机、3架战斗机轮番对上海实施轰炸，共计

永安一厂1954年度劳动模范及先进工作者(1955.6.20)

投弹84枚,炸死542人,炸伤870余人,1200余间厂房、民房被毁。其中,以杨树浦发电厂遭到的破坏最为严重,厂区内的循环水泵、锅炉、发电机等主要发电设备严重损毁,职工伤亡多达59人。此次空袭造成上海市区大范围停电,工厂几乎全部停产。轰炸过后,上海市委、市政府进行全市紧急动员,开展反轰炸斗争。7日,陈毅亲自前往杨树浦发电厂慰问。经过电厂职工连续奋战和全市各方大力支援,仅用42个小时就恢复部分发电。

就是在这样的困境中,自1950年代起,杨树浦乃至上海的工业逐步恢复,并在艰难中不断发展。到上世纪七八十年代,杨浦的工业总产值占上海的四分之一,这里生产出的各类产品源源不断地销往全国各地,成为上海制造的代表和象征,杨树浦也成

为新中国成立以来上海工业发展变迁的缩影。1958年，杨树浦发电厂首次安装了国产6000千瓦发电机组，至1991年，杨树浦发电厂共有供电馈线74条，最高供电电压为220千伏，向上海市政府、广播电台、电视台、市中心商业街、宾馆、医院等重要用户以及沪东工业区数百家工厂、数十万居民直接供电。

进入1990年代，伴随上海城市转型发展，产业结构调整，杨树浦工业也经历了城市转型过程中的阵痛，十年间，它所在的杨浦区区域内，工业企业由高峰时的1200多家减少至200多家，产业职工由60万人减少至6万人左右，工业总产值占全市比重由25%缩水至3%。杨树浦沿江不少老厂也逐步迁移或关停，原有场地空置、建筑逐渐荒废，一度呈现出衰败的"工业锈带"景象。

2002年，上海启动黄浦江两岸地区开发，为杨浦滨江的转型升级带来了新的契机。做好杨浦工业遗存的转化利用，让这条"世界仅存最大的滨江工业带"重新焕发光彩，

永安一厂的女工在游行中表演生产操

成为杨浦人的梦想和追求。作为上海滨水"东大门"的杨浦滨江，拥有15.5公里的黄金滨江岸线，南段从秦皇岛路到定海路，中段从定海路至翔殷路，北段从翔殷路至闸北电厂。"重现风貌、重塑功能"是杨浦滨江改造升级的立足点，按先南段、再中段、后北段的开发顺序一步步推进，通过动迁企业、新建绿地、新增亲水岸线等措施，全力推动滨江公共环境空间还江于民。

2017年底，黄浦江两岸45公里滨江岸线公共空间全线贯通，杨浦滨江南段暨整条杨树浦路5.5公里沿江岸线也全面开放。曾经"临江不见江"的状态成为过去，杨浦滨江卸去笨重的工业铁甲，从老工业基地向创新策源地轻装转型，从单一的产业、运输业态升级为集

杨浦大桥(《解放日报》提供)

曾经的烟草仓库被改建为"空中花园——绿之丘"(胡劼摄)

商业、休闲、旅游、文化、会展、博览等多种城市功能于一体的业态组团，蜕变成"不间断的工业文明博览带"与共享开放的空间，以崭新的面貌与功能迎接市民。在已贯通的滨江南段，规划保护或保留的历史建筑总计24处，共66幢，总建筑面积达26.2万平方米。

作为杨浦滨江最长的一处"断点"，既要确保杨树浦水厂生产设施安全，又要实现滨江贯通，是杨浦滨江开发中的一处难点。设计师们通过在水厂外部架起一座535米长的亲水栈桥，临江漂浮，串联起了岸线两头。贯穿途中，保留了部分原来的靠船墩，并与水厂的出水口有机结合。

经过初步改造，原来见证上海百年工业的发展历程的老工业区变身为群众公共休闲活动场所，来到杨浦滨江，不仅可以看到黄浦江两岸的风貌，还能够阅读这座城市的建筑，感受这座城市的肌理，感悟这座城市特有的历史文化风貌。这里，曾经的"工业锈带"变成了"生活秀带"。

2019年9月23日杨浦滨江(《解放日报》提供)

夕阳下的水厂栈桥(陈立群摄)

杨树浦水厂与江边栈桥和谐共生(胡劼摄)

2020年9月，杨浦滨江入选第一批国家文物保护利用示范区创建名单。

目前，在杨浦滨江南段岸线上，还有至少300万平方米的商务空间可以承接符合杨浦发展的产业门类，是滨江老工业基地向创新策源地转型的重要载体。未来，这里将成为市民们最乐意流连的休闲客厅。

(胡　劼)

外白渡桥

——见证上海变迁的百年老桥

外白渡桥坐落于苏州河与黄浦江交汇处，是中国第一座全钢结构铆接桥梁和仅存的不等高桁架结构桥，也是近代上海的标志性建筑之一。它历经百年风雨，承载着几代人的回忆，见证了上海从开埠到今天的沧桑巨变，它是上海人心目中真正的"外婆桥"。

开埠之前，上海县城以北的苏州河两岸尚属荒僻落后，人烟稀少，交通不便之地。河上唯一一座建于清康熙十一年(1672)的桥梁三洞石闸(俗称"老闸"，位于今福建路桥处)也因年久失修于乾隆年间废弃。长久以来，行人往来苏州河两岸只能靠划子、舢板等小型船只来摆渡。当时，苏州河下游入黄浦江口的第一个渡口被当地人习惯叫作"头摆渡"，此后向上游依次出现的渡口称为"二摆渡""三摆渡"等。

1843年上海开埠之后，随着租界不断扩张，苏州河两岸相继被纳入租界范围，人口渐多，市面也日渐繁荣。不断增长的人员、货物的渡河需求使得苏州河上的渡船不堪重负，建造桥梁，方便两岸往来已势在必行。此时，供职英商怡和洋行的韦尔斯(C. Wills)从中嗅出了商机。他与宝顺洋行大班韦勃(Ed W.Webb)、兆丰洋行大班霍格(E. Jenner Hogg)等人集资1.2万元，组建了"苏州河桥梁建筑公司"(Soochow Creek Bridge Company)，向工部局和上海道台申请在"头摆渡"附近建造桥梁并获批准。1856年10月，一座横跨苏州河，位于今天外白渡桥和乍浦路桥之间，全长450英尺(137.25米)，宽23英尺(7.02米)的木质大桥落成。大桥被命名为"韦尔斯桥"(Wills Bridge)，中国人则因其靠近"头摆渡"称其为"摆

韦尔斯桥

渡桥"。桥梁中部可以开启，供大型船只通过。

　　韦尔斯建桥的目的是赢利，当时，苏州河桥梁建筑公司规定，凡过桥需缴"过桥费"，华人需交钱一文，后来涨至两文，西人交钱十五文。为了收费，韦尔斯桥还设有专门的守桥人，凡有人过河，守桥人锱铢必较、决不通融，桥边经常可见贫者因付不起"过桥费"临河而返，踯躅于黄浦滩岸边的情景。源源不断的"过桥费"让韦尔斯等人赚得盆满钵满。据《申报》记载："每日过此桥者约有五六万人，一日所得过桥之资可六十余元，以此计之，每年应有二万余金，利亦巨矣。"厚利如此，引起了过桥人的诸多抱怨。《春申浦竹枝词》收入的一首小诗如此讽刺韦尔斯桥："大桥一座拦洪波，幸免行人唤渡河。两文钱交方过去，济人原自为钱多。"

　　由于韦尔斯桥梁建设公司在造桥时得到了上海道台特许，拥有在苏州河口一带建造、使用桥梁25年特权，不要说是租界的普通居民，就是手握大权的工部局也对其无可奈何。为平息租界内西人的不满，也为了更方便苏州河两岸的交通，促进租界发展，工

1942年10月8日，《上海泰晤士报》刊登的《历史学家讲述花园桥百年故事》

1869年8月31日，工部局董事会会议有关租用韦尔斯桥的记录

花园桥

1882年，花园桥畔亮起上海首批电灯

部局经过多番谈判，终于与韦尔斯桥梁建设公司达成协议，工部局每年向桥梁公司支付1 500银两费用，每半年付款一次，取得了苏州河下游的桥梁，也就是韦尔斯桥10年的使用权。从1870年1月1日开始，租界的外国侨民总算可以免费过桥了。

　　虽然租界内的侨民不再支付过桥费用，但是，华人过桥仍需缴费。面对如此不公待遇，华人深感屈辱愤怒，"恨不得这座桥被洪水冲走……每次过桥时，支付过桥费的华人总是会在不经意间发出一声叹息。不久之后，韦尔斯桥被市民讽刺称为叹息桥"。当时《申报》发出如下感

日本画家安田老山绘制的花园桥

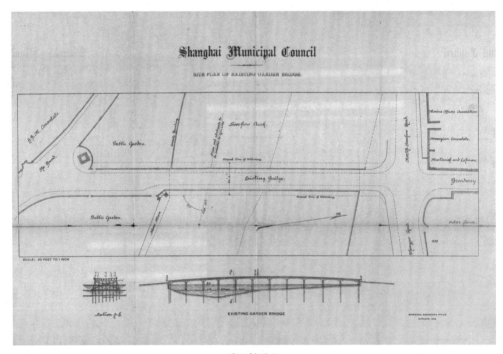

花园桥图纸

慨:"英工部局于洋泾浜之地租无分中西人均一概收取,何于斯桥独厚于西人,而薄于华人"。1872年7月,为方便华人过河,旅沪广东籍人士詹若愚等,特地在租界源远街(又名盆汤弄,今山西南路)谦慎安码头设立了两个义渡码头,供租界内华人过河。

而此时的韦尔斯桥,因桥梁公司疏于维护,建成不到6年光景就出现了桥基腐烂、桥面倾斜等诸多安全隐患。就在决定租用韦尔斯桥的同时,工部局要求桥梁建筑公司立即为韦尔斯桥订购一座符合规格的钢制桥梁,到货后立即安装在与虹口的熙华德路(今长治路)相对的位置。然而,韦尔斯桥的改建工程进展并不顺利,档案记载:1871年5月13日晚5点左右,"聚集在黄浦公园听音乐会的人们听到了一阵巨响,由于桥基上的两根铁柱断裂,已建成的部分桥身掉落在苏州河中,当时许多人目睹这一事件。更为蹊跷的是,几乎与此同时,一艘满载造桥材料的货船也发生事故沉没"。

眼见自己租用的桥梁崩塌,万般无奈的工部局只好决议动用市政建设经费自行建造新桥。1872年,工部局与苏州河桥梁建筑公司达成协议,以4万银两高价收购了业已不复存在的韦尔斯桥以及所谓特权。1873年7月28日,工部局花费1.25万银两在韦尔斯桥东侧建成一座长约117米,宽约12米,两边还辟有2米多宽人行道的木桥,新建的木桥对所有华洋居民免费。因木桥在"公家花园"(Public Garden,今黄浦公园)附近,工部局将新桥命名为"花园桥"(Garden Bridge)。华人则因此桥位于头摆渡外侧,习惯称之为"外摆渡桥",又因可以免费过桥,久而久之,"外摆渡桥"的名字逐渐演变为今天的"外白渡桥"。新桥建成后,韦尔斯桥"残骸"即被拆除,彻底退出了历史舞台。

19世纪晚期,公共租界内人口增长、交通流量加大,原本木质的花园桥也渐渐不堪重负。加之当时工部局正计划在苏州河两岸道路上开通有轨电车,其中一条线路由杨树浦沿外滩至南京路,处于必经之路的木结构花园桥显然难以满足电车的荷载要求。1888年6月5日,工部局董事会做出"把现有的木桥更换为铁桥"的决定,由工部局工务处负责新桥的设计招标工作。

经过长时间的勘测、设计,直到1905年,两份设计方案被提交到工部局董事会面前,一份是"单跨、350英尺(约106米)长桥梁方案",另一份是如今人们所熟悉的双跨钢桁架

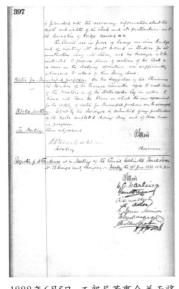

1888年6月5日，工部局董事会关于将花园桥改建为钢结构的会议记录

桥设计方案。工部局工务处负责人梅恩(Charles Mayne)因单跨桥中部没有桥墩阻碍苏州河道等因素，一度倾向选择前一方案。但该方案成本较高。如果要降低施工难度和节约成本，就必须将苏州河北岸向南推进一段以缩短单跨桥的长度。考虑到该方案"会影响日益繁忙的苏州河航运交通"，工部局董事会再三权衡，最终于1906年2月21日作出"建造一座双跨桥"的决定。

1906年7月3日，工部局对外发布外白渡桥建设招标公告。11月21日，新加坡霍华思·厄斯金公司(Howarth Erskine Ltd.)以1.7万英镑的竞标价，从17家竞标公司中脱颖而出，承揽了外白渡桥钢结构工程。桥梁钢结构件由英国达林顿市克利夫兰桥梁公司制造，工部局还聘请了威斯敏斯特市的帕利和比德公司在英国就地监督制造。

虽然外白渡桥的主体钢结构是由外国公司建造好后运到中国，但是桥基的建造、钢桥的架设、桥面铺设等具体施工大多由华人承包商完成。在梅恩写给工部局董事会总办莱韦森(W. E. Leveson)的信中曾经提到中国工人面临的艰苦条件："夜间赶工是非常困难的。在黑暗中搬运重木、开挖地基时湿滑陡峭的斜坡等因素都会增加事故风险。意外时有发生，所幸没有发生严重人员伤亡。潮汛期间或在桥梁底部施工时，工人必须双膝浸没在淤泥中完成耗时且辛苦的工作。"

值得一提的是，外白渡桥的建造给苏州河南北两岸间的交通带来了暂时困难，苏州河北岸一些商号如礼查饭店等一时间门庭冷落。1907年4月22日，礼查饭店联合义和洋行等二十余家苏州河北岸商号致信工部局，声称"花园桥施工使两岸交通不便，已严重影响苏州河北岸的生意，恳请工部局设法提供更便利的过河方式"。5月，工部局花费4180银两请华商姚新记营造厂在外白渡桥附近临时搭建了一座木桥方便行人过河。

1907年底，外白渡桥终于正式竣工。建成后的大桥全长约107米，总宽18.26米，车行

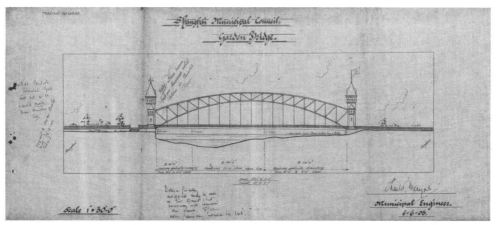

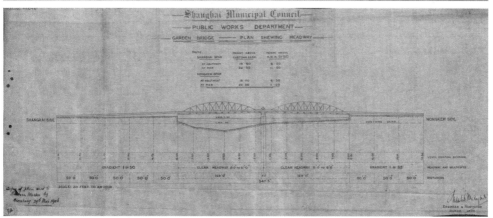

1905年提交给工部局的外白渡桥两种设计方案图纸

道宽11.06米。虽然从计划建设到最终建成历时20年，可谓历经坎坷，但恰好赶上了电车通车，工程终于顺利收官。1908年3月5日，公共租界首批有轨电车通车，其中一条线路就是从杨树浦经外白渡桥到广东路外滩的。当天，有轨电车顺利驶过外白渡桥，开启了苏州河两岸交通、贸易及城市建设的新篇章。苏州河以北人口众多的虹口与杨浦广阔地区就此可以方便地与市中心区联系，整个上海东北角的经济和社会文化生活都因一座桥梁而被盘活。1926年，上海市政部门曾做过统计，5月17日、18日上午7点至晚7点，桥上平均通过

1905年6月，工部局讨论桥梁建设方案的档案

外白渡桥基本信息表

1906年7月3日，外白渡桥工程招标公告

霍华思·厄斯金公司投标书

17家竞标公司建造外白渡桥的报价表

1907年，建设中的外白渡桥

行人50823人次、人力车14600辆、汽车4999辆、公共汽车172辆、有轨电车922辆。车水马龙，人来人往、川流不息的外白渡桥还时不时出现交通堵塞的情况。

　　对于上海，外白渡桥的意义绝不仅仅是一座沟通南北的桥梁。建成至今百余年来，

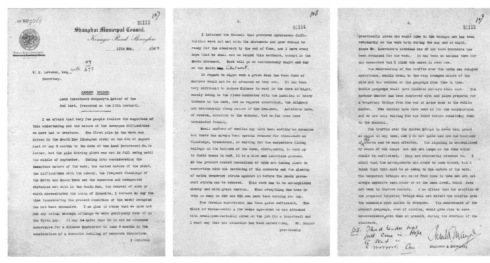

1907年5月13日，梅恩致工部局董事会总办莱韦森的函

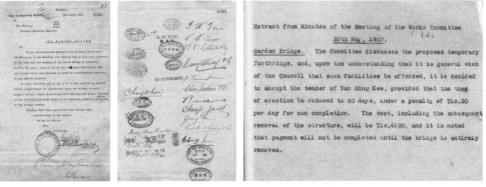

1907年4月22日，礼查饭店等商号联名信　　　1907年5月20日，工部局工务委员会决定由姚新记营造厂搭建临时木桥

发生在它身上的历史片段也成为上海时代变迁、城市巨变的缩影。1915年，革命党人将袁世凯属下郑汝成刺杀于桥上；1937年"八一三"淞沪抗战期间，面对中国军队的强大攻势，数百日军慌不择路逃窜过外白渡桥，被驻防租界的英军缴械，关进外滩公园；上海解放前，国民党守军在外白渡桥上堆起炸药，意图炸毁桥梁，英勇的人民解放军二十七军战

驶过外白渡桥的有轨电车

外白渡桥车
水马龙的繁
忙景象

从苏州河岸眺望外白渡桥，远处建筑为礼查饭店和俄罗斯驻沪总领事馆

上世纪30年代的外白渡桥与百老汇大厦

外白渡桥

外白渡桥上的行人和车辆

1928年"济南惨案"发生后,日军在上海租界武装游行,通过外白渡桥

"八一三"事变当天,大批上海市民越过苏州河上的外白渡桥,从虹口逃入公共租界

抗战期间在外白渡桥上站岗的英军士兵

外白渡桥对面,日军庆祝占领上海的巨幅气球标语清晰可见(1937)

外白渡桥与百老汇大厦

1945年的外
白渡桥

1938年，日伪上海督办市政公署关于设立苏州河水上查验所的文件

士，奋不顾身从桥南扑上，割断导火索，使外白渡桥化险为夷；上海解放后，人民解放军骑兵列队从桥上经过，外白渡桥与上海人民共同迎来新生。

　　外白渡桥的特殊地理位置和历史意义，使得它的维护、修复、改善问题一直是上海市民和政府关注的重点。1949年后，外白渡桥先后经历了大小十余次修护加固和检测。1964年，原有木桥面和有轨电车轨道均被拆除，改铺水泥沥青；1965年，"全部钢架表面油漆，掉换人行道钢梁，整修两旁人行道"；1976年，上海市城建局对外白渡桥进行荷载测试，确定该桥最大安全承载能力，为今后进行大修

庆祝上海解放游行，人民解放军骑兵经过外白渡桥
(陆仁生摄、陈立群提供)

解放军战士守卫在外白渡桥畔

1960年五一国际
劳动节夜晚外白
渡桥夜景

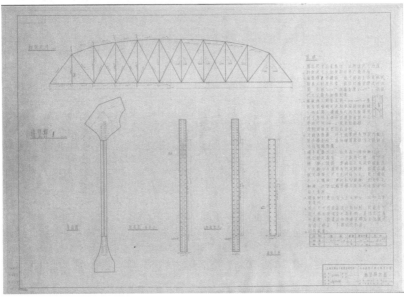

1977年, 外白渡桥
大修工程设计图

1990年代鸟瞰苏州河口

或改建提供依据。测试结果显示"该桥可安全运行GQ200吨大型平板车(装载150吨,总重235吨)"。但这次测试也暴露出桥梁存在多处重大安全隐患,如油漆老化、桥面渗水、桥台不断沉陷等。为保证外白渡桥使用安全,市政府决定对桥梁进行大修,"调换上风撑,加固横梁,部分立柱下弦杆、节点板进行补强,锈蚀严重块件予以换除,修理桥面渗水等"。

　　进入21世纪,已经大大超过原本只有50年设计寿命的外白渡桥依然在"负重前行",承担着日益繁忙的交通负荷,老旧的桥梁混凝土破损、构件变形、墩台老化等一系列问题愈加严重。2008年3月1日,因上海外滩地区交通综合改造工程实施需要,外白渡桥迎来百年来最大一次整修。在拆除原水泥桥面板后,施工单位于4月7日中午利用黄浦江涨潮时机将桥身顶起,采用整体移桥方式,用驳船将上部钢桁梁逐跨移出送至上海船厂大修。上部结构移位后,同步进行旧墩身拆除及墩身重建施工。这次大修遵循修旧如旧原则,共有16

2008 年 2 月 14 日, 许多市民特地来到外白渡桥, 在外白渡桥大修前留影纪念

2008 年 4 月 7 日, 外白渡桥南段桥面主体结构成功转向, 承载着南跨桥体的驳船开始自苏州河口出发, 向东进入黄浦江主航道(《解放日报》提供)

2009年2月26日，外白渡桥的南跨桥体重回原址，与25日已经完成复位的北跨桥体牢固连接在一起(《解放日报》提供)

万枚钢铆钉被重新固定，将近63000枚钢铆钉被替换，人行道上重新铺设龙脑香木板，以期恢复到1907年的风格。2009年2月25日至26日，桥梁工程师们采用国家专利的高分子定位技术，将修复一新的外白渡桥南北两跨成功复位。2009年4月10日，回归苏州河的外白渡桥焕然一新，重新"上岗"。整修后的外白渡桥，据测算可再为市民服务50年。

自2008年大修至今，外白渡桥又运营了12年。桥梁主体结构完好，但附属结构出现不同程度损伤，包括部分钢构件涂装层、景观照明灯线灯具和人行道板等。2019年9月，市政府对112岁的外白渡桥进行新一轮景观照明和涂装提升工程。依托"璀璨浦江、魅力上海"的整体黄浦江规划主题，外白渡桥以独特的历史风貌，焕发出新的容颜。

(胡 劼)

法邮大楼
——见证浦江沧桑，承载档案梦想

原来的法邮大楼，现在的市档案馆外滩馆

2004年4月，黄浦江畔，中山东二路9号，一幢历史悠久的大楼整修一新，以上海市档案馆外滩馆的名义重新开启了一段新的历史，它就是上海历史保护建筑——法邮大楼。

法邮大楼因其业主法国邮船公司而得名。法国邮船公司有着悠久的历史，其源头可以追溯到1796年成立的专门从事公共马车运输的公营公司。1835年，法国政府又设立了经营从法国本土的马赛港到黎凡特(指地中海东岸特别是古叙利亚地区)之间航线的国有轮船公司。1851年，这两家公司合并重组，成为法国邮船公司的开端。次年，法国进入"法兰西第二帝国"时代，拿破仑的侄子路易·拿破仑·波拿巴恢复帝制，被称为拿破仑三世。合并重组的公司因其国营性质，被命名为"皇家邮船公司"(Messageries Impériales)。

皇家邮船公司的发展与法国的对外扩张关系非常密切。成立之初，公司只是在地中海范围内经营从法国本土到意大利、希腊、埃及和叙利亚港口的航线。1853～1856年克里米亚战争期间，公司许多船只为法国运送兵员和军火。战后，皇家邮船公司获得了法国与北非阿尔及尔、多瑙河和黑海港口之间的运输合同。同年，公司跨出地中海，开始经营从法国波尔多到巴西之间的航线。短短的五六年间，公司已拥有了57艘，总吨位88750吨的汽船舰队。

此后，皇家邮船公司的航路一路跟随着法国对外扩张的脚步，跨越好望角进入印度洋，不断向东延伸到非洲、阿拉伯半岛、印度和印度支那地区。1861年，皇家邮船公司取得了办理印度支那邮务的特许权，开始经营法国马赛—中国上海之间每月一班的定期班轮航线，由此和中国、和上海发生联系。当时，这家公司在中国被称为"大法国火轮船公司"或"法兰西火轮船公司"。根据1933年出版的《上海通志馆期刊》上刊登的《上海法租界的成长时期》一文记载，1861年5月25日(咸丰十一年四月十六日)，法国外交部长致函法国驻上海领事爱棠称："……您定已知悉，法国皇家邮船公司已和财政部约定，得在印度支那方面，专营运输邮件的权利，此事已蒙皇上核准，只待立法院的同意。""因有主要航线要联络上海，所以邮船公司很想在上海埠内得到充分的地盘，以供起造写字间、码头、栈房和其他在营业上需要的房屋；依照该公司的意见，地盘面积至少要达到二平方公亩的，至于码头的方向，设备的大略，函内附有该公司的计划书，请参照。……"

虽然此前的1849年4月，法国已在上海设立了租界，但设立之初法租界非常狭小，地域不广。经过10多年发展，此时的法租界已无空余土地，正谋求向南扩展。皇家邮船公司的要求与法租界的企图不谋而合，法方便以此为由与中方展开交涉，经过一系列威逼恫吓，中方无奈同意将上海县城小东门外至黄浦江区域纳入法租界范围。皇家邮船公司得到

《上海通志馆期刊》上法国皇家邮船公司拟在上海购地的记载

1876年出版的《行名录》记载，当时的法国邮船公司(大法国火轮船公司)办公地点在法租界外滩，具体地址不详

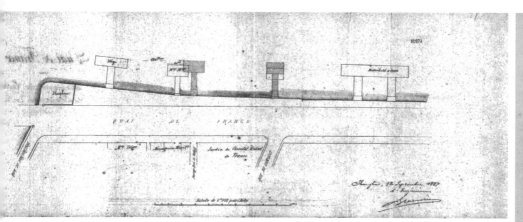

1887年法租界外滩示意图，上面标明了法国邮船公司的位置，它东望黄浦江，南接法国驻上海领事馆，北侧隔洋泾浜与公共租界相接，正对面的黄浦江上是公司的自有码头

了土地，而法租界也借此实现了第一次扩张，靠近黄浦江的界线延伸了650多米，面积从986亩扩张为1124亩。

1871年，普法战争爆发，拿破仑三世兵败被俘。同年，法国取消帝制，皇家邮船公司更名为法国邮船公司(Compagnie des Messageries Maritimes，简称MM)并一直沿用下来。法国邮船公司进入上海后，很快就击败了英国等国家的同行，大有垄断中—欧班轮航线之势。到1870年代，法国邮船公司的船队总吨位已达175000吨，同时还包租大量帆船，位列当时世界上最大的轮船公司之一。

法国邮船公司在中法航线上的优势地位，使得它成为往来中国和欧洲大陆的首选。当年，清政府许多官员"放洋"，几乎都是从上海乘坐该公司轮船去往"泰西"。1866年，被誉为"中土西来第一人"的满族官员斌椿，带领几名同文馆学生游历西洋，乘坐的就是该公司的"拉布当内"(Le La Bourdonnais)号邮轮。1870年清政府崇厚使团去法国、1878年曾纪泽出使欧洲、1879年徐建寅到欧洲游历、1886年曾纪泽再度出使、1900年薛福成离沪出洋，乘坐的也都是法邮公司的邮船。如今，

1888年的法租界外滩，照片最左侧停泊在黄浦江上的是太古轮船公司的"重庆"号，其右侧应该就是法国邮船公司自有码头

1880年代的法租界外滩, 远处的公共租界外滩只有些二三层楼的建筑

黄浦江畔的法国领事馆和法国邮船公司(箭头所指处)

1912年的外滩洋泾浜桥。照片左侧为法租界, 右侧为公共租界

建于1907年的外滩信号塔坐落于公共租界与法租界交汇处，与西南侧的法国邮船公司遥相呼应

1914年，公共租界和法租界开始填没洋泾浜。洋泾浜填没后筑成爱多亚路(今延安东路)，依然是两租界的分界线

1918年法租界地图，从中可以更加清楚地看到法国邮船公司的位置，它北邻永福人寿保险公司和中法实业银行，南接法国驻上海领事馆

1919年法国邮船公司印制的乘客手册，上面载明公司投入中法航线班轮的吨位，"盎特莱蓬"号是2万吨，较之赵世炎赴法搭乘的"阿尔芒勃西"(Armand Behic)号吨位要翻一番

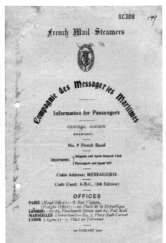

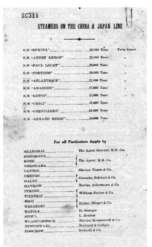

周恩来赴法勤工俭学乘坐的"波尔多"号

我们已无从知晓早年的法国邮船公司在上海的确切位置，只知道在1876年，公司已在法租界外滩办公。1884年，法国邮船公司已坐落在法租界外滩9号。1909年，公司船队运送了197320名乘客和100多万吨货物。黄浦江畔，这个航运界的"巨无霸"见证了各国船只南来北往，日渐繁忙，目睹这座城市五方杂处，由小变大，日益具有了大都市的模样。

法国邮船公司与中国革命也有着特殊的历史渊源。1919年前后，中国掀起了一股赴法勤工俭学的热潮，许多赴法青年都是乘坐法国邮船公司的班轮从上海出发去往法国，其中就包括邓小平、赵世炎等。1920年9月11日，邓小平与83名四川青年一起，搭乘法国邮船公司"盎特莱蓬"(Andre-Lebom)号轮船前往法国勤工俭学。"盎特莱蓬"号有着传奇般的历史，它始建于1913年，1914年下水，1915年完成处女航，被用于马赛和北非之间的航线，一战期间被法军征用作为护理船。一战结束后，公司将其投入马赛—上海航线。二战期间，"盎特莱蓬"号归法国维希政府使用，1944年，被盟军击沉于土伦港。二战后重新被打捞起修复使用，直到1952年才被完全废弃。

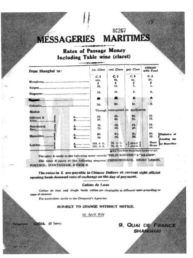

1934年法国邮船公司由上海途径香港、西贡(今胡志明市)、新加坡、科伦坡、吉布提、亚丁港、塞得港、马赛直到英国伦敦班轮价目表

据《我的父亲邓小平》一书记载，这艘法国邮轮"长约五十丈，宽约6丈，高约十丈，约有几万吨。船的仓位分成三等，每舱可容纳数百乘客。最高的一层是游戏场，专供乘客运动之用。货仓在首尾两头，容量甚大。船上还设有起重机两架，以为装卸货物之用"。曾经有当事人回忆："那艘船上一等舱的票价是八百元，二等舱是五百元，三等舱是三百元，中国学生花一百元买的四等的船票。"而所谓四等舱，其实就是货舱，是照顾贫穷的中国青年学生临时设的。"盎特莱蓬"号是法国邮船公司当时最大的邮船，将其投入中法航线，足见公司对中国市场的重视。

法邮大楼设计立面图

随着公司业务的日趋繁忙，法国邮船公司原有建筑已不能满足需要，1937年，由中法实业公司(MINUTTI & Co.)设计的法邮大楼在公司外滩原址开始建造。新大楼为九层钢筋混凝土构架建筑，除底层高为5米

外，其他各层层高均为3.6米，并有高3米的半地下室，自外地面至九层总高为39.4米。大楼基础为303根直径45厘米，长度30米的洋松桩。

大楼墙体除部分为钢筋水泥墙外，绝大部分为空心砖填充墙。顶层设有电梯机房与一个23立方米的钢筋混凝土水箱。屋顶中部还砌有6.5米高的钢筋水泥框架矮墙，装饰风格与大楼外墙一致，既可遮挡电梯机房和水箱，还可使大楼外观看起来更为雄伟。在大楼内部，地面底层及各层走廊为水磨石，楼层为硬木地板，厕所为马赛克地面。除底层外门，大楼内均为硬木夹板门。整幢大楼全部为钢窗。与外滩其他装饰繁复的大楼不同，法邮大楼装修简洁，一副实用的现代气派。大楼建成后，除了自用外，法国邮船公司还将空余房屋出租，许多法资背景企业、银行、律师事务所等都在楼内办公，因此法邮大楼也成为外滩南部的一幢高档"写字楼"。又因其南侧就是法国驻上海领事馆，法租界许多官方活动，如迎来送往、庆典游行等，法邮大楼都是必经之处。

第二次世界大战期间，法国邮船公司的船队分别归属英美盟军和法国维希政府，多艘邮船被击沉，公司船队损失巨大。到二战结束的1945年，公司只剩下21艘船。上海公司也照常在外滩旧址继续营业直至上海解放，而此时的法租界外滩9号，已改成中山东二路9号了。

解放后，法国邮船公司在华业务大大萎缩，并搬离外滩另觅办公场所。建成10多年的法邮大楼也改名为"浦江大楼"，由中国畜产公司上海分公司使用。1955年，第一机械工业部设计总局船厂设计处(后演变为第六机械工业部第九设计研究院)迁入浦江大楼。1958年，畜产公司迁出，第一机械工业部第二设计研究院迁入。上世纪60年代中期，六机部九院设计任务加重，人员增多，曾提议在浦江大楼加盖三层的计划，但因种种原因未能实现。

建造中的法邮大楼

建成后的法邮大楼

法邮大楼入口处

法邮大楼内景

至于法国邮船公司，解放后依然勉力维持其在华多年的业务。档案记载，1960年初，旨在保卫世界和平，承担民间外交使命的中国人民保卫世界和平委员会曾委托其上海分会向法国和平理事会寄送一幅铁画，法国邮船公司承揽了这一业务，"由法国邮船公司广西轮转运法国马赛，再设法转运巴黎……并免收一切运费……"。但受二战后世界范围内各殖民地独立的影响，法国邮船公司原本依赖国家力量在各海外殖民地航线上的独占地位受到极大冲击，再加上航空运输业的迅猛发展，公司营业日渐衰落。20世纪60年代初，公司结束了在中国大陆的业务。1969年至1972年间，公司邮船船队被出售，1977年，法国邮船公司又和法国航运公司合并为"法国海运总公司"，最终于1981年从劳埃德船级社名录中消失。

改革开放后，上海的发展日新月异，浦江大楼却渐渐老去，不再适合现代办公之用。

1938年2月，法国驻华大使纳吉阿尔向法国邮船公司经理科凯授勋

由于是历史保护建筑，改造也受到诸多限制，里面的用户逐渐搬出另觅新的办公场所。

时间进入21世纪，外滩沿线多幢老大楼经过置换找到了"新主人"，其中绝大多数为银行、保险公司等金融企业，众多奢侈品专卖店、高档餐厅也在外滩占有一席之地。为增添外滩沿线的文化氛围，发掘外滩老建筑独特的文化内涵，市政府决定，将浦江大楼交由上海市档案馆使用，使之成为对外提供档案查阅服务和展览展示，弘扬档案文化的窗口。2004年4月，由法邮大楼全新改建的上海市档案馆外滩馆正式启用，从此，外滩"万国建筑博览群"有了第一幢面向社

1941年, 法国驻华大使亨利·科斯麦在法邮大楼前检阅法军和巡警

1947年, 法国邮船公司为更换经理给上海市社会局的报备文书

日军占领上海期间的外滩, 可以看到远处的法邮大楼

著名的雀巢公司也曾在法邮大楼内办公, 这是抗战胜利后公司向上海市社会局的登记文书, 载明办公地在中山东二路9号

解放初期的外滩。右侧
为浦江大楼

上世纪60年代浦江大楼拟议加层改建时留下的立
面图

1960年，中国人民保卫世界和平委员会上海分会有关
法国邮船公司代运铁画到法国马赛港的档案

上世纪80年代的外滩，远处的浦江大楼和信号塔依稀可见

上世纪90年代的外滩,浦江大楼南侧原来法国领事馆地块上正在兴建光明大厦

会公众的公共文化设施,这幢优秀历史保护建筑在档案人手中焕发出新的生命力。

10多年来,每年都有15万～20万市民走进这幢历史建筑,这里每周6天对外开放,查档案、看展览、听讲座……所有活动全部免费。有多少市民为找寻自己和先辈的历史走进这里,又有多少莘莘学子和专家学者为了学术研究专程前来查阅档案。更多的,或是为了一次精彩的讲座、或是为了一场吸引人的展览,甚至只是在

市档案馆外滩馆10楼报告厅成为品牌项目"东方讲坛"的常年举办地

20世纪末改建前的浦江大楼

市档案馆外滩馆底层大堂反映上海历史变迁的巨幅壁画

市档案馆外滩馆举办的"红星照耀中国——外国记者眼中的中国共产党人"档案展场景。开馆至今,市档案馆外滩馆已经举办各类展览100多个

10楼报告厅外反映法邮大楼历史的壁画

在市档案馆外滩馆顶楼所摄上海景色(应忠德摄)

游玩外滩时要找一处歇歇脚的地方而走进这里，从此邂逅了档案、遇见了历史。

　　这里曾经是法租界北端，它北接公共租界，东临黄浦江，南望老城厢，独特的地理位置使其成为外滩乃至于上海的标志性建筑和绝佳观景处。从法邮大楼到浦江大楼再到档案馆，大楼名字的改变就已经见证了上海的变迁。在它的目光里，黄浦江水逐渐变清，外滩一次次改造"变身"，对岸的浦东从一片荒地逐渐变为高楼林立……它看见了外滩一天天长高，看见了上海的日渐繁华，也看见了古老中国的新生。

　　　　　　　　　　　　　　　　　　　　　　　　　　　　　　　　　(张 新)

从"跑马厅"到"人民的广场"

提到上海的行政、文化、商业中心和交通枢纽，人们首先想到的一定是人民广场，这一位于市中心的广场是上海最重要的地标之一。人民广场和与其相邻的人民公园，由南京西路、西藏中路、武胜路、黄陂北路合围而成。这片土地从曾经的跑马厅，蜕变为真正属于人民的公共空间，走过了近百年漫长且曲折的历程。

近代历史上，上海租界区域内曾先后出现过三个跑马厅(或称"跑马场")。1850年，旅沪英国侨民霍格(W. Hogg)等人发起成立了"上海跑马总会"(Shanghai Race Club)。他们在花园弄(今南京东路)与界路(今河南中路)转角处租地81亩，辟为跑马厅(俗称老公园)。1854年，因地价上涨，霍格等人将该地分块出售后另在浙江路与泥城浜(今西藏中路)之间租地171亩，开辟了第二个跑马厅(俗称新公园)。1862年前后，跑马总会再次以高价分块出售第二跑马厅土地，得银49425两。而在此之前，有了两次获利的经验，跑马总会股东们已将目光投向当时租界外泥城浜以西的大片农田，计划开辟远东规模最大的上海第三个跑马厅。1861年起，跑马总会通过英国驻沪领事麦华佗(W. H. Medhurst)向上海道台施压，强行以平均每亩30两的低价租下了泥城浜以西大片土地。不过，第三跑马厅的建设并非一帆风顺，部分当地居民对跑马总会强烈抵抗，坚持不交出田单，最终迫使道台与英领馆共同宣布"该地仅供公用事业使用，不

鸟瞰人民广场和人民公园 (《解放日报》提供)

最初的跑马厅已不见影像留存，这是1862年跑马厅看台入口处外景

跑马厅业主契号及亩分表

1913年跑马厅地图，上面标有足球、板球、马球俱乐部等，还特别标出了牌坊位置

19世纪末的跑马厅

1920年代末正在观看赛马的中外观众

参赛骑师

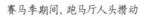
赛马季期间，跑马厅人头攒动

旧跑马厅钟楼等建筑景观

1920年代末跑马厅全景

新建的跑马总会大楼

跑马厅大看台下卖票间

跑马厅酒吧间

1920年代末的跑马厅, 西侨青年会大楼已落成, 右侧是华安大楼

1927年，一架英国飞机飞越跑马厅，左侧西侨青年会大楼正在建造中

得用作商业或建筑"。因此，这片土地在地价上涨后才未被转卖，一直作为跑马厅使用了近百年。即使这样，仍有当地居民始终坚守自己的产业，在跑马厅东南角靠近今武胜路的地方曾长期留有一处坟墓和节孝牌坊未迁出，可算是当时人民反抗强权的见证了。

　　第三跑马厅占地面积达525亩，主要由上海万国体育会(跑马厅中心运动场)、上海跑马总会有限公司(建筑及办公用地)以及上海跑马总会场地有限公司(跑道)这三家外商共同所有。跑马厅有草地跑道和硬地跑道两个环形跑圈。赛马道以内场地为西侨公共体育场，设有足球、板球、高尔夫球、棒球场等，足球场北部建有公共游泳池。跑道外建有大看台、

The Race Course Shan...

1938年的跑马厅,当时的"远东第一高楼"国际饭店清晰可见

跑马总会俱乐部等建筑。

　　跑马厅创建伊始,除了跑马总会雇佣的马夫和杂役外,禁止华人入场观赛,只在每逢春秋赛马时,上海道台、知县等重要官员得到特邀才能前往观看。为了向华人攫取更大利润,自宣统元年(1909)开始,跑马总会允许华人买票进场参与赌马,并在跑马厅西面增建了一座华人看台。跑马比赛和博彩联系在一起,据英国人蓝宁、柯林所著的《上海史》记载,早年怡和洋行与宝顺洋行在上海的赛马会上曾豪赌1万英镑。跑马厅赛马名目种类繁多,有香槟赛、金樽赛、大皮赛、新马赛、马夫赛、余兴赛、拍卖赛等,其中

1930年代跑马厅静安寺路(今南京西路)一侧

万国商团阅兵式(1903)

以春秋两季举行的香槟赛规模最大。随香槟赛发行的彩票称为"香槟票",在全国各地发售,赛马开彩号码在报纸上公布,人不在上海也可以参与。"香槟票"每张售价10元,最高曾售出5万号,头奖从10万元逐渐增至22.4万余元。巨额奖金的诱惑吸引了众多达官贵人、商贾名流乃至升斗小民,极少数人一夜暴富,更多的则是"竹篮打水一场空",而跑马总会却日进斗金,赚得钵盆满盈。据其账面记载,自1899年至1932年的33年中,跑马厅从赛马中所得利润为关平银6 102 946两。

20世纪二三十年代,是跑马厅发展的黄金时期。1933年,跑马总会拆除位于跑马厅西北方向的主看台、来宾看台和钟楼等建筑,兴建了跑马总会大楼(今上海市历史博物馆)。大楼由英商马海洋行设计,余洪记营造厂承建,占地8 900平方米,建筑面积21 000平方米,共耗银200万两。跑马总会大楼为主体四层建筑,外立

阅兵式上的万国商团美国队

1937年5月11日，在跑马厅举行的"庆祝英皇乔治六世加冕典礼"阅兵式

太平洋战争爆发前,英美军队在跑马厅进行训练

1946年2月13日,上海市政府关于在跑马厅举行欢迎蒋介石大会的文件

1947年版《上海市行号路图录》中的跑马厅地图

上海市军事管制委员会命令

令

敬启元

孙作人

蓝田日本市政建设者案，並遵照人民政府命令即将京西路以南，西藏中路以东，武胜路以北，黄陂路以来，原由上海跑马总会有限公司、上海跑马场地有限公司及上海万国运动会所经管之土地（计新成回十基地——六地五——八地、九地）全部收回。作为市有公地，现令你们即前去执行，善令上开土地之现经管人即日移交，不得违误。

此令

主任 陈毅

副主任 粟裕

公历一九五一年八月二十七日

1951年8月27日,上海市军管会收回跑马厅命令面用深咖啡色面砖和石块交织砌筑，大楼西面有贯通二、三层的塔什干式柱廊。大楼西北端建有一座高53米的钟楼，四面装有直径4.2米的大钟。大楼内部装潢考究，底层为售票处和领彩处，夹层为会员滚球场，二层为会员俱乐部，设有咖啡室、游戏室、弹子房、阅报室等。三、四层设会员包厢、餐厅，会员可在三层走廊或包厢内观看比赛。

　　跑马厅的兴旺人气也带动了周边地区特别是北侧公共租界静安寺路(今南京西路)的飞速发展。1926年至1934年间，华安大楼(今金门大酒店)、西侨青年会(今体育大厦)、大光明大戏院、国际饭店等如今我们耳熟能详的标志性建筑沿跑马厅北侧相继建成，使静安寺路东段一跃成为上海滩最繁华的地段之一。

　　跑马厅不仅用于赛马、开展体育活动，也是西方殖民者炫耀军事力量、展示政治话语

上海市公用局拟建跑马场中心车站计划草图(1946)

上海市土产展览交流大会
开幕典礼

上海市土产展览交流大
会会场全景

土产展览交流大会文件

1951年9月6日，人民广场建设管理委员
会第一次全体委员会议

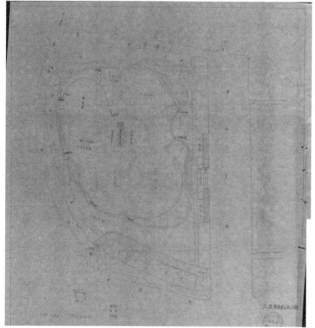

青年团上海市委关于组织团员参加
修建上海人民广场义务劳动的通知
(1951.9.7)

1952年6月，人民公园设计图

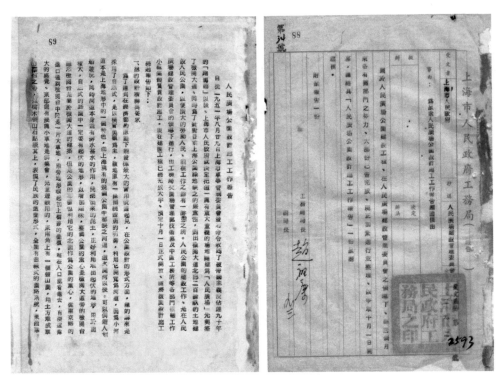

人民广场建设管理委员会关于人民广场公园设计施工工作报告(1952.9.2)

权的空间。外国军队和公共租界准军事部队万国商团常在跑马厅进行军事训练，并在重大庆典时举行阅兵式。1900年9月22日，八国联军总司令、德国陆军元帅瓦德西(Von Waldersee)到访上海时，在跑马厅检阅了各国驻沪军队和万国商团。1937年5月11日晚，为庆祝12日英皇乔治六世的加冕典礼，英国海陆军在跑马厅举行了隆重阅兵式。据当时《申报》描述，"跑马厅正中搭城堡一座，占地甚广，为各种部队集合之所"，参加阅兵式的队伍有"水兵队、海军陆战队、陆军、苏格兰兵、万国商团，全体参加一千余人"。

1941年太平洋战争爆发后，日军占领租界，跑马厅成为日军兵营、操练场地。直到抗战胜利以后，英国董事才拿回跑马厅的经营权。1946年2月14日，为庆祝蒋介石时隔九年重返上海，上海各界20余万人在跑马厅举行欢迎集会。当时，上海市政府也曾设想收

建成开放初的人民公园

回跑马厅，在这片土地上建设大型公交换乘枢纽。也有市民提议"将此跑马厅改作运动场，借以提高市民体格、提高我国体育水准，且可借票价充市府收入"。但市政府多次与跑马总会商议却无结果，跑马厅收回及改建一事也无下文，其间，跑马厅曾作为美军训练场地使用。

1949年，中国历史揭开了新的篇章，跑马厅的命运也随之改变。1951年8月27日，上海市军管会发布命令，宣告正式收回跑马厅作为市有公地。跑马厅收回之后，市政府听取了各界人民代表提出的意见后，最终决定将"这一块有重大意义的场地辟建为人民广场，先兴筑检阅大道"，同时针对当时上海市中心地区公园绿地严重缺乏的状况，"划出检阅大

1950年代末，人民公园内的荷花池

1955年1月，修建一新的人

(《解放日报》提供)

1960年代左右的人民大道

1958年的人民公园

131

1963年的上海图书馆外景

上海图书馆阅览室内座无虚席

上海图书馆阅览室

1957年10月15日，巴基斯坦外宾参观坐落在原跑马总会大楼内的上海博物馆

1954年10月1日，在人民广场举行的庆祝新中国成立五周年大会

道北部二百余亩土地建设人民公园，以便广大的劳动人民能在工作之余有一游憩之所"。

1951年6月10日到8月10日，盛况空前的上海市土产展览交流大会在跑马厅举行，吸引了上海、华东其他地区乃至全国的商家前来交易，市民参观踊跃。

1951年9月6日，人民广场建设管理委员会举行第一次全体会议，会上工务局报告了人民广场的修建计划："跑马厅接收后，即筹划可容80 000人到100 000人的人民广场设计。今年计划先筑路，先在场地南部修筑'上海人民广场'以供将来游行示威及举行群众大会之用；其余场地之绝大部分，则将逐步修建，辟作文化休息及其他有益市民之用途。先筑445公尺①长、100公尺宽的跑道，九月五日开工，十月一日以前完工。"这次会议还强调："人民广场是都市的'肺'，而不是'大肠'，一定要广置草木，不要尘土飞扬。"第二天，人民广场修建工程开工典礼在原跑马厅场地上隆重举行。对于修建属于人民自己的

1956年1月21日晚上，上海群众在人民广场集会，庆祝完成社会主义改造

1956年6月，上海各界人士在人民广场举行大会，欢迎苏联海军首次访华

1956年10月，印尼总统苏加诺来沪访问，上海20万群众在人民广场举行欢迎大会

1959年5月1日，上海各界群众在人民广场举行集会庆祝"五一"国际劳动节

广场，广大市民热情高涨，工人、团员、学生等踊跃报名参加修建工程。仅用了20天，人民广场跑道等设施就修筑完成。

1952年6月3日，人民公园工程开工，9月25日基本完工。当年市政府工务局在人民公园设计施工报告中提道："在公园设计的形式方面，总的来讲是采用了自然式，是以朴实美观为主。"公园设计中比较特别的一处，是将原来一条围绕四周的明沟改造为河道，可供游人划船，还可排水蓄水，开挖出的泥土还可堆出起伏的地形。不过，这条河道后被填没，现已不复存在。建成后的公园，东北为儿童活动区，西南为成人活动区，北、中部为休息游览区。园内设竹茅亭8只、水榭1座、长廊2座、棚架1座。另外，还保留了部分原跑马厅设施，如游泳池、看台、球场、旗杆等。1952年10月，人民公园建成，2日至25日组织了内部游览，26日起正式开放，当天游人近41万人次。

①系"米"的旧用单位，现废止用"米"。

1958年9月，驻沪部队将收集到的废钢铁送往上钢一厂，图为运输车队途经人民广场

1959年10月1日，上海市各界群众在人民广场举行国庆10周年庆典(《解放日报》提供)

　　1952年7月22日，原跑马总会大楼改建为上海图书馆对市民开放。开馆时图书馆设普通阅览室、通俗读物阅览室、俄文图书阅览室、期刊阅览室、报纸阅览室、儿童阅览室。图书馆开馆后受到市民的热烈欢迎，最初两个月内每日平均读者数达6500余人。应广大读者要求，图书馆闭馆时间也由原来的下午五点半延长到晚上九点。另外值得一提的是，1952年至1959年间，上海博物馆也曾设于跑马总会大楼，与上海图书馆联合办公。

　　1957年3月，市政府将人民公园西南角原跑马厅看台等建筑改建为上海市体育宫。体育宫占地两万余平方米，设有六个运动馆、田径场、篮球场、排球场等，看台可容纳八千名观众，是乒乓球、武术、举重、摔跤、体操、击剑等体育项目的活动基地。

　　人民广场和人民公园建成后，成为当时上海市民集会和举办大型活动的重要场所。每逢重大节日或有重要外宾来访，人民广场都会成为庆典游行的中心。档案记载，1959年五一节，上海在人民广场举行大型集会，为游行队伍服务的茶水及冷饮供应点就有20多

1962年10月1日，上海市各界群众在人民广场集会庆祝国庆

个，除免费供应茶水外，光汽水就售出8400瓶，雪糕棒冰36000支。而到了逢五逢十的国庆之夜，人民广场还会燃放烟花，更是引来数十万群众观看，成为上海一景。

人民广场建成后的十余年间，每逢重大节日和全市性的群众集会，都会在人民广场内临时搭建检阅台，用后就拆。1963年，市政府决定在人民广场建造一幢带有检阅平台的办

上海市庆祝1964年国庆节人民广场布置主席台观礼台立面效果图

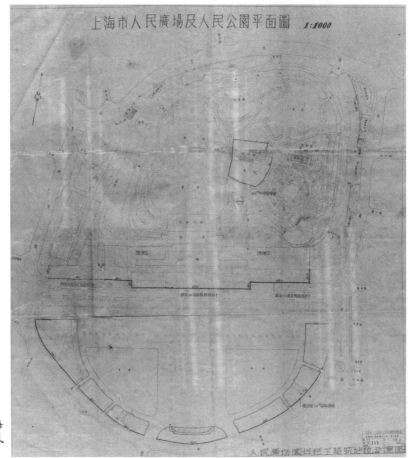

1960年代左右上海市人民广场及人民公园平面图

1976年10月，群众集会庆祝粉碎"四人帮"(薛宝其摄，黄浦区档案馆提供)

公楼，既可缓解当时办公场所紧张的困难，也可避免搭建临时检阅台所造成的人力物力浪费。另外，随着当时中外交往逐渐增多，新建大楼还可作为接待外宾的合适场所。该楼最初设计为八层建筑，1964年最终建成后为六层，作为市人大常委会办公楼使用，即如今的人民大厦前身。

改革开放之后，根据城市发展需要，人民广场也迎来了"大变身"。1993年底，被列为市府二号工程的人民广场改建工程正式启动，于1994年10月1日国庆45周年竣工。本次改建奠定了如今人民广场的基本格局，其总体布局为中轴线对称形式，以当时在建的新市政大楼(人民大厦)为中心，由人民公园中区、市政大楼、中心喷泉广场、上海博物馆构成广场的中轴线。中轴线两侧的副广场，大片绿地碧草如茵，花带灌木错落有致，常绿乔木枝繁叶

人民公园"相亲角"(《解放日报》提供)

茂，原本空旷的集会场地蜕变为绿意盎然的园林式广场，成为真正意义上的"城市绿肺"。

　　1995年，经停人民广场的上海第一条地铁全线贯通，全长300米、商业面积1万平方米的人民广场地下商业街投入运营；1997年，新建的市政大厦正式定名为"人民大厦"；1998年，在上海体育宫原址上兴建的上海大剧院举行首演；2000年，上海城市规划馆迎来首批观众。经过几十年不断完善和精心维护，人民广场早已蜕变为集行政、文化、商业、娱乐、交通枢纽等元素为一体的城市客厅，成为广大市民和中外游客休憩游览的首选之地。曾经华人禁入的跑马厅，在如今的人民广场已几乎找不到它的痕迹，只有已成为上海市历史博物馆的跑马总会大楼，向人们诉说着这片"人民的广场"的历史记忆。

（胡劼）

百戏纷呈"大世界"

坐落于西藏南路延安东路口的大世界游乐场曾经是上海人的最爱，有道是"不到大世界，枉来上海滩。""大世界"给人影响最深刻的是照哈哈镜，到过的人无不记得自己在哈哈镜前滑稽的容貌。自从"大世界"创立以后，上海又相继出现过许多类似的大型游乐场所，但大多好景不长，惟独"大世界"长盛不衰，屹立至今，成为上海的一张名片。

说起"大世界"，就要说到它的创始人黄楚九。黄楚九是"上海滩"上一位颇具传奇色彩的人物，浙江余姚人，生于1872年，被称为"商界奇才"。他有着家传的中医医术，早年从老城厢城隍庙摆药摊起家，后又弃中医而就西医，成为中国西药界的先驱。1890年，黄楚九设立中法药房，不仅经销代理国外西药，还自行复制国外药品，最著名的要算名噪一时的"艾罗补脑汁"了。1907年，黄楚九又与人合伙开设五洲大药房，脑筋灵活的他复制推广在中法药房的成功经验，继续仿制西药，还迎合市场需要给这些药起了"人造自来血、海波药、树皮丸、月月红、女界宝、呼吸胶、补天汁"等夺人眼球的名称。其时，整个上海的药房不过10来家，药少而求者众，一时间赚得盆满钵满。

随着"十里洋场"西风东渐，日渐繁华，这位宁波商人又开始将目光投向当时还十分匮乏的大众娱乐业。1912年，黄楚九在九江路湖北路口(今华侨商店处)的新新舞台楼顶开设了上海第一座游乐场——楼外楼，迈出了进军娱乐业的第一步。楼外楼营业十分火爆，游客众多，致使仅用铁条支撑的新新舞台屋顶不堪重负，被工部局勒令拆除。不久后的1915年8月，黄楚九又与几个朋友合伙，在当时还

2017年3月26日，大世界修缮一新(《解放日报》提供)

黄楚九父子(陈立群提供)　　　　历任董监事名单　　　将"大世界"引入法租界的法
国驻上海领事甘司东

是一片荒地的南京路西藏路口，创建了新世界游艺场。和楼外楼相比，新世界规模更大、娱乐项目更多，二角钱的门票"一票到底"，可以从白天玩到夜里，从一场戏看到另一场戏，这种娱乐方式在当时还是一件很新鲜又实惠的事，开创了沪上大众娱乐业的先河。可惜好景不长，"新世界"开张没多久，黄楚九与游艺场大股东闹翻，不得不撤出自己的股份离开了新世界。

　　但是，"新世界"的红火坚定了黄楚九继续投资娱乐业的决心。他要另起炉灶，再开办一家规模超过"新世界"的大型娱乐场。这一消息被时任法租界领事甘司东获悉，鉴于当时上海滩已有的10多个游乐场大多设在公共租界，甘司东便主动邀请黄楚九在法租界新建一个游乐场，并在爱多亚路(今延安东路)与敏体尼荫路(今西藏南路)转角处，划出一块1.4万平方米的土地给黄楚九，希望借游乐场的兴建促进法租界的繁荣。有法国人做靠山，黄楚九决定在此大兴土木干上一番，于是便有了今天的"大世界"。1917年7月14日法国国庆节当天，内设剧场、电影场、书场、杂耍台、中西餐馆的大世界正式开幕。不久，"大世界"便超过了"新世界"，确如甘司东所希望的那样成了繁华的流金之地，带动了法租界的繁荣，黄楚九为此也大大风光了一阵。

"大世界"的兴盛，离不开其优越的地理位置和当时上海独特的"华洋杂处"环境。上海一个城市，却有着华界、公共租界、法租界并存的"一市三界"格局。就"大世界"自身地理位置来说，它的北侧是作为法租界和公共租界分界线的爱多亚路，这条道路前身是刚刚填没没几年的洋泾浜，它西侧的敏体尼荫路在南北方向上联通公共租界和法租界，这两条道路都是上海的交通要道，宽阔通畅，人来人往。如果把当时洋行码头林立，紧靠黄浦江的外滩看作是"钻石地段"的话，"大世界"所在的法租界八仙桥地区，就是上海新兴的"黄金地段"，它处于华界南市老城厢与公共租界之间，南接以城隍庙为核心的中国传统庙会集市商业娱乐圈，往北过了爱多亚路就进入公共租界，再过去一点就是繁华的南京路一带，新世界游艺场、跑马厅已具规模，不远处南京路浙江路口的先施公司正在装修，马上就要开业。特殊的地理位置使大世界既将两大商圈联结在一起，又保持相对独立，使其自身有了较大的发展余地并产生集聚效应。事实也确实如此，"大世界"开张后，居住在两租界和华界的居民纷纷前来听戏游玩，一派熙熙攘攘的景象。当年，广东中山郭氏在南京路建造永安公司时，曾派人在南京路浙江路口采取数豆子的方式统计人流量，最终将永安公司的位置选择在更靠近"大世界"的南京路浙江路口西南侧，大概"大世界"的人流也为永安公司贡献了不少颗豆子吧。

除了优越的地理位置，"大世界"的兴盛也离不开自身建筑上的巧思妙想和经营特点。"大世界"在建筑上有明显的"中西结合"特点，12根圆柱支撑起六角形尖塔，是当年法租界的"高层建筑"，老远就能看见。西式大门豪华气派，而内部则多为中国传统建筑形式，五幢建筑沿爱多亚路和敏体尼荫路弧形排开，向内面向弧形中央的露天剧场。各幢建筑向内设有回廊，建筑间有天桥相连，上下又有楼梯相通，方便观众快速从一个场子转移到另一个场子。在经营上，"大世界"延续的"新世界""一票到底"的方式，在演出剧目和曲目种类上，"大世界"既有传统的苏州评弹、苏滩、本滩、大鼓、双簧、三弦拉戏、太平歌词、杂技等本土化内容，也有电影、西式游艺设施、日本魔术、希腊幻术等外来剧种，中西合璧，林林总总有六七十种之多，12面"哈哈镜"更是全国闻名。正是这种地理

1918年上海法租界地图。从中可以看出"大世界"优越地理位置，北面的粉红色和黄色区域是公共租界中区和西区，往南不远处的灰色区域是华界的老城厢

上的区位优势、别出心裁的内外建筑设计和兼容并蓄的独特"海派"禀赋，造就了"大世界"的繁华。随着"大世界"的成功，它的周边又陆续出现了不少中西戏院、影剧场和其他娱乐场所，形成了一个以"大世界"为中心，戏院和影院相对集中的演艺娱乐圈。

"大世界"的成功，使黄楚九赚得大把金钱。有了这台"日进斗金"的印钞机，黄楚九又广泛投资其他行业。但在1920年代末的世界性经济危机中，黄楚九投资金融业失败，由此带来的一系列连锁反应使其许多产业受到牵连。1931年1月，59

上世纪三四十年代的"大世界"

上海法租界巡捕房有关黄金荣的人事档案　　京剧名伶孟小冬也曾在"大世界"开唱

岁的黄楚九抑郁而终，成就他一世英名的"大世界"也转到"海上闻人"黄金荣的手中，改称"荣记大世界"。

　　黄金荣是上海滩大亨，1901年2月进入法租界巡捕房任三等探员，1903年升为二等探员，1907年又升任一等探员，以后又逐次升为二等、一等探目，1921年升任巡捕房督查。1925年4月，黄金荣从他任职25年的法租界巡捕房退休，此时的他已经成为通吃黑白两道，跨界多个行业的上海滩"大哥"级人物了。

　　黄金荣接手大世界后，利用自己担任上海梨园公会主席的优势，力邀全国各地戏曲名家到"大世界"演出，孟小冬、张文艳、萧湘云、马金凤等京剧名伶都曾在此献艺，轰动一时。很多演员在"大世界"唱红，受到观众喜爱并由此名扬四海。然而，黄金荣的黑社会背景也给"大世界"带来了负面影响。黄金荣把自己的众多"知交""徒弟"

1937年"八一三"淞沪抗战期间,"大世界"遭到轰炸的惨相

1937年"八一三"淞沪抗战期间,"大世界"遭到轰炸的惨相

带进"大世界"管理层,这帮经理、主任、稽查、班主本身品位不高、格调低下,一时间"大世界"流氓出入频繁,成为"黄、赌、毒"的渊薮,搞得整个游乐场乌烟瘴气。档案记载,曾有市民因"大世界"门口设有赌博摊点而向警察局投诉。

对于上海人,"大世界"并不只是一个单纯的游乐场所。它还是上海许多重大历史事件的见证者。1919年,声援北京五四爱国运动的游行队伍曾从这里经过;1937年淞沪抗战,"大世界"门口曾经遭受轰炸,造成重大人员伤亡;1949年,上海人民也曾在这里喜迎解放军进入这座远东最大的都市。

1937年"八一三"淞沪抗战期间,"大世界"遭到轰炸的惨相

抗战胜利后, 黄金荣(中)与其养子黄伟(左)和国民党淞沪警备司令部稽查大队长戚再玉合影

上海解放后, "大世界"仍以各类戏曲艺演出为主。档案记载, 当时"大世界共有剧团十个, 剧种有京剧、越剧、沪剧、甬剧、维扬剧、常锡剧、滑话、通俗话剧、滑稽京剧、歌舞剧等"。虽然在一段时间内, "大世界"并没有更换经营者, 但因其在上海的特殊地位, 政府部门一直对它保持关注, 一方面大力肃清昔日横行一时"黄、赌、毒", 另一方面则从文化演出上对其进行改造。1951年春节, 人民政府首次组织上海文艺界众多电影明星、越剧名角以及解放军和公安部队文工团"以话剧、歌舞剧、音乐演奏等41个节目, 参加大世界、大新、先施等三大游乐场的正规演出", 其中的重点就是"大世界"。这次演出以新戏为主, 有许多反映抗美援朝、防谍防特的正面宣传内容。与传统戏曲风格迥异的演出盛况空前, 吸引了大批观众, "大世界二十多年来, 从来没有过这么多人", 特别是在中央露天剧场演出新剧目时, "场场客满, 连二楼三楼的观众也都挤得满满的", 以至于一天之内挂了三次

抗战胜利后，大世界入口处的热闹景象

客满，不得不采取限流措施。"大世界"这个过去纯粹"白相"娱乐的游乐场有了一番新气象。

在人民政府的积极治理下，"大世界"解放前的乱象大有改观，但流氓黑恶势力并未彻底根除，日常经营仍比较混乱。1954年7月2日，上海市人民政府文化局奉陈毅市长令："查私营大世界游乐场，经营腐败、内部混乱，对广大人民群众的文化生活为害极大。特令你局迅予接管，并进行整顿。"自此，"大世界"步入了新的时代。

人民政府接管后的第二年，"大世界"更名为上海人民游乐场，逐渐演变成一个正规的兼具游乐功能的联合剧场。虽然改了名字，但上海人还是习惯将其称为"大世界"，1958年2月18日，照顾到市民的习惯，"大世界"重新恢复了原名。

为提升"大世界"演出水平，市文化局多次组织所属剧团轮流到

1950年黄金荣在大世界底层扫地(黄浦区档案馆提供)

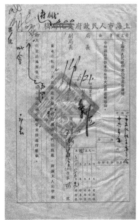

1954年，上海市人民政府接管
"大世界"的命令

解放初期"大世界"驻场剧团填写的调查表

国庆五周年时的"大世界"

慶祝中華人民共和國成立五周年

1955年，大世界改名为人民游乐场的文件

"大世界"内熙熙攘攘的观众

国庆十周年时的"大世界"

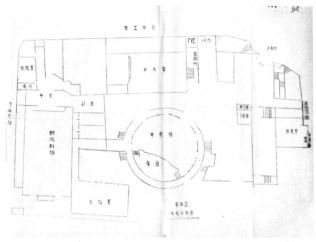

1978年，上海市黄浦区革命委员会有关"大世界"，1959～1966年间收入情况的统计

青年宫时代的"大世界"底层平面图，原剧场部分得以保留，部分改为乒乓房的文体活动场所

大世界演出，而且越来越多地演出现代戏，希望"大世界"能够承载更多教化功能。每逢节假日，上海著名的一流剧团都会进"大世界"演出。1963年6月至7月间，市文化局组织"上海电影演员剧团、上海音乐学院、上海实验歌剧院、上海交响乐团、上海合唱团、上海管乐团、上影乐团、上海京剧院、上海越剧院、人民沪剧团……"30多个文艺单位在"大世界"会演现代戏，轰动一时。闻名全国的文化品牌"上海之春"也曾走进"大世界"。

　　正是这样的举措，再加上合适的票价策略，使得"大世界"在1950年代中后期到60年代初获得了超过以前任何时期的游客量，12个演出场子"以文艺演出为主，并设游艺、饮食小吃等，活动内容丰富，有特色，深为群众欢迎，平均每天接待一万至一万五千观众，每年接待外宾一万余人次"。1959年到1962年，平均每年盈余12万元。但是，随着传统剧种剧目和游艺项目淘汰过多，场间插演节目被取消，摊贩全部被迁出，"大世界"原本的游乐功能日益弱化，1963年后陷入亏损。1966年后，"大世界"一度停业改为外贸仓库。1974年10月1日，"大世界"改名为上海市青年宫对外开放，成为那个特殊年代上海青年们文化、娱乐和社交的热门场所和活动中心。

1978年,"大世界"所在的黄浦区就曾提议以"文艺演出为主"恢复"大世界",但当时尚处在恢复整顿时期,百废待兴,要在"大世界"多个场子同时开展文艺演出,在演出剧团组织上尚有困难,而且大世界原有演出场地都比较老旧,与现代戏剧演出的要求不符,改建、改造又需投入大量资金,所以"大世界"恢复问题一时搁置。但以恢复哈哈镜为标志,青年宫实际上开始向原来的"大世界"游乐演艺的模式靠拢。

1987年1月25日,"大世界"更名"大世界游乐中心",再次对外开放。改建后的"大世界游乐中心"经常演出杂技、魔术和各种戏曲,放映电影、录像或举办音乐会,并开展各种竞技性比赛等活动,特别是"吉尼斯记录"赛事吸引了国内外众多身怀绝技的奇人异士前来献艺,创造了多个中国和世界"吉尼斯"纪录,在赢得市民口碑的同时一度名声再起,国内许多城市以及东南亚等地都有以"大世界"命名的综合性游乐场。

2003年的"大世界"（《解放日报》提供）

哈哈镜前的游客笑得乐不可支

"哈哈镜"依然是修缮后"大世界"的保留项目（《解放日报》提供）

2019年，第十二届中国艺术节走进"大世界"（《解放日报》提供）

然而，随着改革开放后上海经济社会的不断发展，人们的文化娱乐日趋多样化，社会大众的娱乐消费习惯大大改变，"大世界"主打的各种曲艺节目已不再吸引市民，其游乐中心的魅力不再，经营也每况愈下。而"大世界"本身又是市级文物保护单位，改建有诸多限制。2008年，为了保护和修缮这座已有80多年历史的保护建筑，"大世界"再度闭门谢客，开始了建筑的修缮。

2017年3月31日，修缮一新的"大世界"以全新的面貌再次走进上海市民的视野。曾经上海最大的室内游乐场，最吸引市民和游客的娱乐场所，上海市井文化、民俗文化的重要承载地，以"非物质文化遗产"与"民俗、民族、民间"为主题，专注于经典与濒危、民族与国际、传承与发展，新版"大世界"正成为"环人民广场演艺活力区"的一颗璀璨明珠。人们期待新的"大世界"，能重现"不到大世界，枉来大上海"的辉煌。

（金志浩）

雾海明灯
——中共代表团驻沪办事处纪念馆

思南路，原名马斯南路，是上海市中心一条十分幽静的马路。作为原法租界的高档住宅区，除了阴翳的法国梧桐外，路的两边还坐落着百余座精美的洋房，许多名人曾在此居住。思南路73号(原马思南路107号)就是一幢花木环抱、藤萝掩映的三层楼花园洋房，建于1920年代。该建筑原是外国侨民住宅。抗战胜利后，一度成为国民党中央专员黄天霞的寓所。1946年6月22日，这座宅院的大门上出现了一块铜牌，上面镌着三个大字："周公馆"，下面还有一行英文："GEN. CHOW EN-LAI'S RESIDENCE"(周恩来将军官邸)，从此一段红色传奇开始在这里上演。

　　抗战胜利后，人民要求和平、反对内战的呼声日益高涨。中国共产党顺应民意，高举起和平民主团结的旗帜，提出建立联合政府的主张；而国民党当局则一面假意和谈，一面镇压民主力量、积极准备内战。此时的中国面临两个前途，两种命运的决战。1945年10

周公馆(陈立群摄)

月10日，重庆谈判结束。由周恩来、董必武等领导的中共代表团留在重庆继续和国民党谈判。1946年，国民政府将首都从重庆迁回南京，中共代表团也随之迁往南京。因为上海是中国最大的城市，是全国经济文化中心，很多政界要人和民主人士都住在上海，中共中央决定，在上海也要设立代表团办事处，为党在国统区活动提供一个合法阵地，以揭露国民党政府假和谈真内战的本质，宣传共产党和平建国主张，团结广大中间人士，壮大爱国民主力量。同时，中共中央还准备把原在重庆发行的《新华日报》搬迁到上海，但因受国民党当局的阻挠，未获成功。

国民党当局对此却一百个不愿意。当时，国民党上海接收了大量敌伪房产，却始终以各种理由拒绝为中共代表团提供房屋。国民政府行政院长兼外交部长宋子文为此还曾密电上海市市长吴国桢，要求对中共在上海设立办事处予以阻挠。对此，周恩来、董必武等早有准备，已派人设法在上海物色租借房屋。1946年3、4月间，中共代表团秘密租下了思南路上的这幢小楼。但是，国民党当局又以谈判地点不在上海为由，不让代表团在沪设立办事处。对此，董必武提出："不让设立办事处，就称周公馆，是周恩来将军的公馆。"于是，小楼的朱漆大门上便有了那块"周公馆"的铜牌。从1946年6月开始，中共代表团代

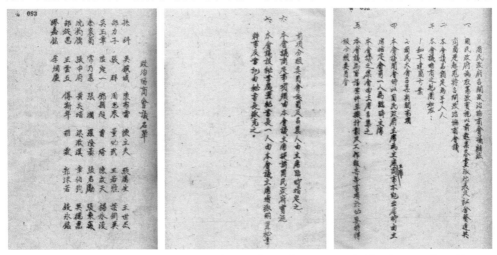

国共重庆谈判决定召开政治协商会议，这是《国民政府召开政治协商会议办法》，后被国民党当局撕毁

当年周公馆大门上的铭牌和门牌　　　　　　周公馆旧影

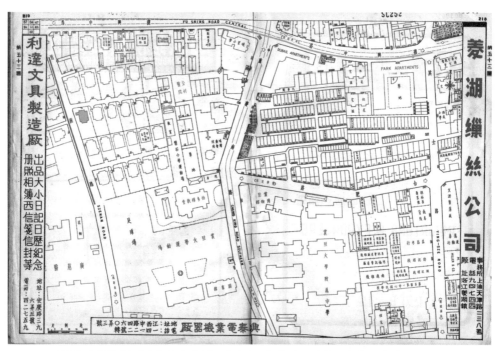

1947年出版的《上海市行号路图录》,蓝线为思南路,绿线为复兴中路,红框内即周公馆

表周恩来、董必武、陆定一、邓颖超、李维汉等同志经常往返宁沪之间，周公馆成为他们开展宣传和统战工作的重要场所。这幢小楼如同雾海茫茫中的灯塔，为在国统区追求光明的人们指明了方向。

开展统战工作，广泛联系各界人士是中共代表团的重要任务之一。宋庆龄、郭沫若、沈钧儒、黄炎培、马叙伦、马寅初、许广平、廖梦醒、柳亚子、章伯钧、罗隆基、章乃器、沙千里、史良等民主人士都曾是周公馆的座上客。洪深、梅兰芳、周信芳、茅盾、田汉、巴金、郑振铎、唐弢、柯灵、黄佐临、丹尼、白杨、金焰、赵丹、于伶、刘厚生、陈烟桥、丁聪等上海文化艺术界人士也曾应邀来到周公馆座谈。周恩来等中共代表以自己的人格力量，深深感染着与他们接触过的每一个人。许多来到周公馆的人士就此成为中国共产党的亲密挚友，中国共产党领导的爱国民主统一战线由此得以壮大。

周恩来对民主人士的关心无微不至。1946年7月25日，人民教育家陶行知在上海病逝。周恩来闻讯极为悲痛，亲往吊唁，并电告党中央，要求将陶行知去世的消息电告全国。次日，上海各界举行陶行知公祭大会，中共代表团华岗、许涤新等出席，并送上祭文。周恩来还指示潘汉年等对其他民主人士"在救济方面多给予经济和物资的帮助，在政治方面亦需时时关照"。

周公馆还是中共代表团对国统区人民开展正面宣传的指挥部。虽然《新华日报》迁沪的努力受到国民党阻挠，但周恩来等紧紧团结《新民报》《联合报》等进步媒体，并于1946年6月将原在重庆出版的《群众》周刊迁来上海继续公开出版。周刊在上海出版不久，就遭到国民党当局搜查，9月16日，周恩来亲赴上海与国民党当局交涉。1947年3月，国民党悍然查封了《群众》周刊，虽然仅仅在上海存在了不到一年，但在周恩来关心和指挥下，《群众》周刊成为宣传党的主张，打破国民党舆论封锁，揭露国民党阴谋的重要阵地。

1946年7月11日和15日，民主人士李公朴、闻一多先后被国民党特务暗杀。18日，周恩来就在周公馆召开了规模盛大的中外记者招待会，出席人数多达百余人。周恩来为记者们详细讲述了国民党当局背信弃义，在各地挑动内战的真相，又以无限悲愤控诉了在昆明发生的国民党特务暗杀李公朴、闻一多的暴行。最后，他郑重地声明："现在情况严重，我

1946年10月19日，中共代表和第三方面人士及国民政府代表在上海吴铁城寓所举行非正式会谈。图为与会者合影。前排左起：黄炎培、周恩来、郭沫若、沈钧儒、华岗、李璜。后排左起：胡政之、陈家康、陈启天、蒋匀田、邵力子、罗隆基、吴铁城、李维汉、左舜生

1946年6月，郭沫若、马叙伦、郑振铎、景宋(许广平)在《民主》周刊上发表笔谈，赞同中共对时局的看法

陶行知追悼会

周恩来在陶行知逝世当日发给中共中央的电报

1946年7月,《群众》周刊刊登的《邓颖超同志对记者谈话》

《群众》周刊登载的刊物被搜查,中共代表团向国民政府抗议的消息

们仍为和平民主而奋斗,只要能永远停止战争,我们仍愿在政治协商的前提下解决争执的问题。"第二天,《联合晚报》《文汇报》等多家报刊均以显著版面对此予以报道。

10月4日,上海各界举行李公朴、闻一多追悼会,周恩来手书悼词:"今天在此追悼李公朴、闻一多两先生,时局极端险恶,人心异常悲愤。但此时此地,有何话可说?我谨以最虔诚的信念,向殉道者默誓:心不死,志不绝,和平可期,民主有望,杀人者终必覆灭。"这篇悼词由邓颖超到会宣读,发出了反对国民党独裁,为中国争取民主自由的强音。

之后,周恩来等人又多次以记者招待会形式,用事实证明了内战责任完全在于国民党和美国政府对其的援助,并表达了中共"决不屈服在一党独裁、内战和外国奴役之下"的坚定立场。在周公馆,代表团通过中外记者,向全国和全世界揭露了国民党假和谈、真内战的阴谋,并阐明了中共争取和平、民主的原则立场,赢得了社会各界的同情和支持。

对中共代表团的在沪活动,国民党当局极度惊慌,派遣特务对周公馆进行监视和破坏活动。一时间周公馆门前突然多了许多鬼鬼祟祟的人影,而在周公馆对面的马思南路70号(现98号)上海妇孺医院楼上也出现了特务的秘密监视点。在上海市档案馆的馆藏中,也有

1946年7月18日，周恩来在周公馆举行中外记者招待会

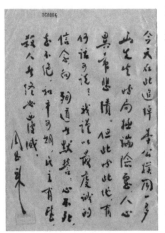

周恩来手书李公朴、闻一多先生悼词复制件

不少反映国民党当局对中共代表团和民主人士进行监视和破坏活动的档案，如：上海市警察局秘密调查董必武等同志在沪活动的命令，对中国民主同盟进行秘密监视的报告等。

针对敌人的阴谋，中共代表团和地下党开展了针锋相对的斗争。周公馆内采取了各项措施来防止敌人破坏，比如，在窗口放一盆菊花，如盆花在，说明屋内安全；如盆花不见了，则表明发生了状况，不得轻易入内。而打入国民党警察局的地下党员们，不仅及时发现了敌人的秘密监视点，还通过各种方式破坏敌人的监视活动，甚至将特务的监视报告交到了上级党组织手中。在此期间，"监视"与"反监视"斗争每天都在周公馆上演，周恩来和办事处的工作人员在这种

周公馆大门外

上海市警察局卢湾分局关于监视中国民主同盟的报告

非常险恶、个人安全没有保障的环境下，始终泰然处之，把生死置之度外，坚定沉着地坚持斗争。

1946年10月21日，周恩来离开上海返回南京，为和平做最后努力，但蒋介石却于同日乘飞机去往台湾，避而不见，使和谈无法进行。11月，周恩来率领中共代表团返回延安，国共和谈宣告破裂。周恩来回延安后，董必武继续主持中共代表团在上海的工作。1947年2月28日，淞沪警备司令部勒令留守周公馆的中共人员于3月5日离沪。与此同时，大批军警包围了周公馆，切断电话线，并限制人员出入。次日，开始没收一切邮件，禁止中外记者来访。董必武对此提出了严正抗议。经过各方全力斡旋，国民党迫于舆论压力，同意保证中共人员在撤离期间的人身安全。3月2日，董必武先带走一批人前往南京；5日，周公馆最后13位同志全部安全撤离。全体人员在南京会合后，坐飞机返回延安。临行前，董必武对送别的朋友说："再见之期，当不在远。"历史的进程果如董必武所说，不到3年，中国人民的解放战争便取得了胜利。

中共代表团全部撤离后，周公馆转给中国民主同盟代表团，解放后，被用作上海市统计局家属宿舍。1959年5月26日，上海市人民委员会公布周公馆为市级重点文物保护单位，

1947年2月8日，周恩来赠送给出席上海记者招待会的瑞士记者博斯哈德的签名照(瑞士苏黎世联邦理工学院现代历史档案馆提供)

但居民仍住在里面。曾在周公馆工作过的同志对其都有着深厚感情。周恩来总理每次到上海，总会想起在周公馆的那段岁月。他不便亲自前往，就派警卫人员到思南路去看看。

1964年4月15日，董必武副主席的夫人何莲芝到周公馆参观。据上海市档案馆馆藏档案记载：在参观时，"董老的夫人问：'门前还有一棵大树，为何不见了？'周良佐同志(上海接待人员)答：'被虫蛀空了，已倒下来。如果将来复原建筑时要再植一棵同样的树。'在楼上，董老夫人对过去住的房间先记错了一间，后来又记对了，与陈家康同志去年踏看时的回忆是一致的。"

1979年2月，中共中央同意在思南路73号筹建中国共产党代表团驻沪纪念馆。居民搬

1947年初,《群众》周刊登载董必武抗议国民党企图实行黄河堵口,淹死黄河故道及两岸数百万百姓的声明

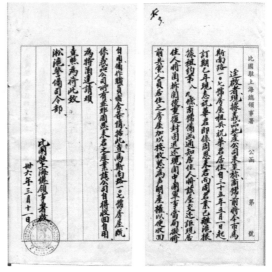

中共代表团撤离上海后,中国民主同盟代管周公馆代表团财产的相关文件

迁和周公馆的修复工作随之紧锣密鼓展开。经过艰苦努力,房屋外部样式和内部结构都达到了"修旧如旧"的效果。这座欧洲近代独立式花园住宅为三层砖混结构,外墙为水泥砂浆抹层嵌天然砾石饰面,赭红漆木百叶窗,红陶机制平瓦双坡顶、山墙部分作跌檐处理;主入口西向,有外置石阶直抵一楼。宅前为一片草坪,中央有一棵大塔松。小楼内部陈设也按历史场景复原。底楼汽车间停放着一辆当年周恩来乘坐的黑色别克轿车的复制品。一楼是周恩来、邓颖超夫妇的卧室、会客厅和餐厅。这间会客

中共代表团撤离上海后,比利时义品地产公司曾欲收回周公馆房屋。从文件中可知,代表团租借时用的是化名祝华君

中共代表团驻沪联络处最后一批成员撤离，右起：杨少林、潘梓年、王文忠、华岗、黄月仙、钱之光、刘昂、吴月凤、王凝、陈家康、计锦洲、王知还、鲁映(1947.3.5，章虎臣摄，陈立群提供)

厅就是召开记者招待会的地方。二楼是外事人员的办公休息地点，三楼是董必武一家和办事处人员的卧室。

除了思南路73号，纪念馆范围后来还包括了毗邻的思南路71号。上海市档案馆馆藏1980年3月12日市文化局和文管会呈送市

上海市文化局、上海市文物保管委员会关于思南路71号划归周公馆的报告

宣传部的报告中称："'周公馆'革命旧址……内别无它屋可作接待外宾及布置必要的辅助陈列之用，对旧址保管工作人员必要的办公保卫及值班室等，均无着落。因此，社会上各方面纷纷向我们建议，将该旧址东邻思南路71号房屋作为庇连史迹之保护部分。"该报告后得到了批准。

确定纪念馆正式名称也经过了一番讨论。据上海市档案馆馆藏档案，1981年1月7日，纪念馆筹备组曾向市文化局请示："目前，单位名称的叫法很不统一，有中共代表团驻沪办事处纪念馆；中共代表团驻沪办事处(周公馆)旧址；中共代表团驻沪办事处旧址纪念馆等。根据当年曾经使用过'中共代表团驻沪办事处'和该址作为市级文物保护单位已公布的名称'中国共产党代表团驻沪办事处(周公馆)旧址'，以及参照'中国共产党第一次全国代表大会会址纪念馆'的单位名称，我们意见：该址名称定为'中国共产党代表团驻沪办事处纪念馆'，简称'中共代表团驻沪办事处纪念馆'为宜。"最终，纪念馆的正式名称采

思南路71号(2010)

周公馆内的周恩来雕像

1977年上海市文物管理委员会在周公馆外重新设立了纪念铭牌

纳了这一意见。

1982年3月5日，中共代表团驻沪办事处纪念馆内部开放；1986年9月1日，正式对外开放。这座小楼成为人们缅怀周恩来、董必武、邓颖超等老一辈无产阶级革命家和学习他们革命初心的重要场所。而周公馆所在的思南路街区现在则被打造成了思南公馆，几十幢历史建筑得以"复活"。如今漫步在这片梧桐树掩映下的老洋房中，如同在历史与现实中穿行，每一个游人都能在这里读到我们这座城市的珍贵记忆。

（陆闻天）

工部局大楼的前世今生

建成后的工部局大楼

在江西中路215号，由河南中路、汉口路、江西中路、福州路合围起来的街区内，有一幢体量庞大、风格庄严的城堡式建筑。这座1922年落成的建筑，就是声名显赫的上海公共租界工部局办公大楼。它是公共租界当局的权力中枢，在这里发生的历史事件，对近现代上海发展产生了不容忽视的影响。

1843年上海开埠后，以英国为首的外国领事和商人、传教士等纷至沓来，在上海县城外洋泾浜以北开辟了中国第一块租界。在不平等条约的庇护下，上海租界面积不断扩张，其行政权力也日益膨胀，逐渐演变为中国领土上的"国中之国"。其中，由英、美租界合并而成的公共租界，它的市政机关称为工部局(Shanghai Municipal Council)。工部局成立于1854年，其前身为英租界道路码头委员会，该委员会成立于1846年12月，结束于1854年6月，是英租界最早的管理机构。工部局对租界内居民行使征税权和行政管辖权，其最高决策机构为工部局董事会。早期的工部局董事会成员由居住在租界内的外国侨民选举产生，均为外侨中的头面人物，有洋行大班、大地产商、工厂主、律师等，以英国侨民居多，其次为美、德、日等国。直到1928年，在持续高涨的"华人参政"呼声下，中国人才正式在董事会中争得一席之地。工部局的行政机构由总办、警务、火政、卫生、工务、教育、华文、财务等各处，以及公共图书馆、书信馆(邮局)、乐队等组成，按董事会决议，各司其职。此外，公共租界还有自己的武装力量"万国商团"。万国商团成立于1853年，是租界当局的一支准军事部队，成员主要由旅沪各国侨民组成，1870年7月归公共租界工部局管辖。1907年3月，万国商团将原先华人自组的上海华商体操队"收编"为中华队。中华队第一批队员有83人，工部局委派3名西人分别担任正副队长。

工部局成立之初，并没有一处集中办公的场所。直到1896年，工部局在南京路、广西路和贵州路口(今新雅粤菜馆处)建造了工部局市政厅，占地面积近4000平方米，因其屋顶为铁皮瓦楞板，又被上海人称为"铁房子"。随着工部局下设部门增加，雇员人数不断增长，原有办公场所不敷使用，有些部门只得另寻他处。因此，新建一座能集中办公且体现工部局权威的办公大楼被提上议事日程。1904年，工部局首次在年报中提出将今汉口路、江西中路、福州路、河南路围合而成的街区全部买下建造办公大楼的计划，并着手向地块所有人购买土地。1910年，工部局董事会成立工部局大楼委员会(the Municipal Buildings Committee)，"由克莱格、朱满和德格雷先生组成，以充分考虑重建的问题，对万国商团司令部和操练厅提出意见，制订附有费用概算的明确计划，以便有助于董事会对整个问题做

1849年英租界道路码头委员会档案

1854年7月17日，工部局董事会第一次会议记录

1865年工部局董事合影，前排左起：普罗思德、耆紫薇(总董、怡和洋行大班)、霍锦士、库慈，后排左起：奈伊、汉璧礼

工部局局旗

工部局印章 1869年4月启用，共两枚，都是木柄、铜质、圆形印面

出决定"。

1913年2月，工部局大楼委员会完成最终报告，该报告中包含4份经挑选后入围的工部局大楼平面图。3月底，公共租界纳税人大会对该报告进行了审议并选定第三设计方案。该方案为三面围合建筑，暂时保留当时地块上已有的卫生处、救火站和巡捕房，预计花费125万两白银。6月，工部局工务处建筑师特纳(R.C.Turner)完成了工部局大楼平面设计，8月完成主要立面设计并于9月将设计方案提交董事会讨论。董事会研究后决定，由主建筑师携带图纸到伦敦交英国皇家建筑学院院长审阅，并在伦敦绘制面对汉口路和江西路一隅的透视图。

1914年10月，华商裕昌泰营造厂在工部局大楼承建招标中一举中标，大楼建设工程正式开始。但事不凑巧，大楼开工时正逢一战爆发，从欧洲采购的建筑材料因时局动荡难以按时运抵，导致工程进展缓慢，直至1919年，新大楼整体结构才基本建成。按照原设计，工部局大楼本应有个尖顶塔楼，但据1919年《工部局年报》记载，由于工部局大楼所在地块"具有不同寻常的柔软性质"，大楼建造过程中"沉降超过一英尺""直到用打桩方式对筏基进行加固，才控制住沉降问题"，原设计塔楼所在区域也在荷载试验中"沉降了半英寸"。最终，工部局只得放弃建造塔楼。

万国商团阅兵式(1882)

　　1922年11月16日，历时八年之久，工部局大楼正式建成并投入使用，其规模之大、用料之考究、设备之先进，堪称当时上海之最。当年11月22日的《申报》记载：整幢大楼"占地十二亩，统计办公房屋共有四百间，办公西人约有八百名，全部建筑经费共耗银一百七十五万两"。大楼沿汉口路、江西中路、福州路、河南路呈围合式，院内中央为停车场，以及一间面积为1700平方米的室内操练厅。

　　新建的工部局大楼主要入口在东北角，也就是汉口路、江西中路交叉处，门前建有专供停靠小轿车用的凹面扇形廊，由4根多立克式花岗岩石柱支撑，每根方柱四周又竖4根花岗石圆柱。新大楼建筑外墙采用花岗石装饰，因此又被称为"石头房子"。大楼外观威

工部局乐队成立于1881年2月23日。1920年代,该乐队发展为远东一流的交响乐队

上海萬國商團中隊第十稱華弟職隊二一屆比賽隊獲外賽勝總紀念
中華民國十六年之月十二華四月

C. H. WONG PHOTO NANKING ROAD

1904年工部局年报中，提出
购地用于建造工部局大楼

1913年工部局大楼委员会报告

严庄重，整个建筑共有大门10处，除了主入口，东南角和北面正中均有入口通向内院。大楼所有窗洞口均安装从英国伯明翰进口的钢制窗框。建筑内部装饰考究，地坪用英国麦金洋行马赛克瓷砖铺砌，主要通道和扶梯用泰康洋行黑白相间的大理石铺砌。大楼内部装有自动电话系统，以及由英国工程师设计的低压热水供暖系统，管道等材料设备皆为进口。卫生设备则全部使用美国"标准牌(Standard)"瓷具。

随着工部局权力日盛，其优厚待遇和发展前景也吸引了大量国外人才到工部局工作。来自英国本土、欧洲大陆、美国及英国殖民地的白人雇员，占据了工部局绝大多数中高级职位。在这些外国雇员中，不乏对上海租界的政治、经济及文化发展产生重要影响的人物。如曾担任教育委员会主席的美国人卜舫济(Francis Lister Hawks Pott)，推动工部局建造了租界内第一所专收华人子弟的华童公学；同为美国人的

上海万国商团中华队队员纪念留影(1927)

法律处处长博良(Robert Thomas Bryan Jr.)，在其任内引入他在东吴大学法学院任教时的华人学生到法律处工作；来自澳大利亚的工业社会处处长辛德(Eleanor Mary Hinder)，是工部局中唯一高级女职员，曾在上海从事社会福利工作，致力于改善妇女儿童权益。值得一提的是，工部局雇员中有两位国际友人为中国人民做出了巨大贡献。新西兰人路易·艾黎(Rewi Alley)被誉为中国人民真诚的朋友，1927年至1938年供职工部局火政处。在上海的11年间，他赴绥远灾区赈灾，收养孤儿，为改善童工的待遇奔走呼号，为中共地下党员提供庇护，为陕北红军购买运输药品补给，积极投身中国的革命事业。

法国神父饶家驹(Robert Charles Emile Jacquinot de Besange)，1913年来上海传教，先后在徐汇公学、震旦大学任教，曾任万国商团随军神父。1937年"八一三"淞沪抗战期间，饶家驹神父就商于中日军事当局，在上海方浜中路、民国路(今人民路)内创立了"南市难民区"，亦称"饶家驹安全区"，该安全区一直延续到1940年6月，共保护了30多万中国难民。1949年8月12日，63个国家代表制定《日内瓦公约》。其中，第四公约就是《关于战时保护平民之日内瓦公约》，饶家驹的南市难民区这一"上海模式"作为范例被写入其中，从此成为国际法的一部分，于全球践行。

另外，许多国际名人在上海期间，也曾造访工部局大楼。1922年11月，爱因斯坦(Albert Einstein)首次来沪访问。1923年1月2日，在犹太侨民安排下，爱因斯坦赴工部局大楼讲演，在大楼礼堂用德语讲解了相对论。1930年，工部局聘请英国大法官费唐(Richard Feetham)作为顾问来

万国商团在南京路阅兵，远处尖顶建筑就是1896年建造的工部局市政厅(1902)

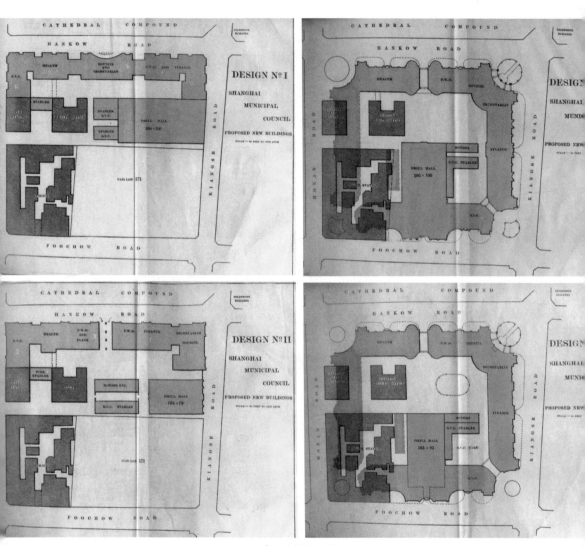

工部局大楼平面图

1914年10月13日, 工部局工务委员会讨论决定华商昌泰营造厂承建工部局大楼的会议记录

1914年8月, 原工部局总办处开始拆除, 这是拆除中的总办处大楼

在建中的工部局大楼(1917)

工部局大楼设计图

在建中的工部局大楼(1918)

基本建成的工部局大楼

1930年代工部局中外董事在工部局大楼开会时合影

卜舫济

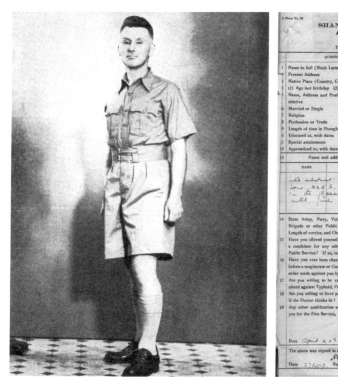

在工部局火政处任职期间的路易·艾黎及其填写的应聘火政处职位申请表

沪调查租界情况。1931年4月，费唐法官向工部局提交了《费唐法官研究上海公共租界情形报告书》即"费唐报告"，为公共租界制度的存在辩护，同时为缓和工部局同当地华人矛盾提出一些改良建议。法国霞飞将军(Joseph Jacques Césaire Joffre)也曾于1922年3月11日赴工部局大楼举行的公宴。

20世纪二三十年代，可谓公共租界的黄金时代，有关市政建设的诸多重大举措，都是在工部局大楼内作出并发出。1937年全面抗战爆发，上海租界区域沦为"孤岛"，工部局权势在日军围困之下盛极而衰。1941年12月太平洋战争爆发后，日军占领公共租界。1942年1月，工部局组成临时董事会，重新推举总董、副总董，由日本大使馆参事冈崎胜男任

1938年，法国驻华大使纳吉阿尔向饶家驹神父授勋章

总董，华董袁履登任副总董，其余6名董事中除2名欧洲人外，均为日本人或汉奸。自此，公共租界工部局已有名无实，行将就木。1943年7月30日，工部局董事会召开了最后一次会议。8月1日，公共租界交还接收仪式在工部局大楼礼堂内举行。在冈崎胜男发表的广播演讲中，他将此次交接粉饰为"中国和中国人民重新夺得了租界地区的主权领土完整"，声称"日本政府希望中国人民免于英美的不公待遇和剥削"。此后，汪伪政权将公共租界改为上海特别市第一区，工部局大楼成为汪伪政权下的上海特别市政府办公楼。1945年8月15日，日本战败并宣布无条件投降。9月12日，国民党政府接收汪伪市政府，工部局大楼第二次易主，变为国民党上海市政府所在地。

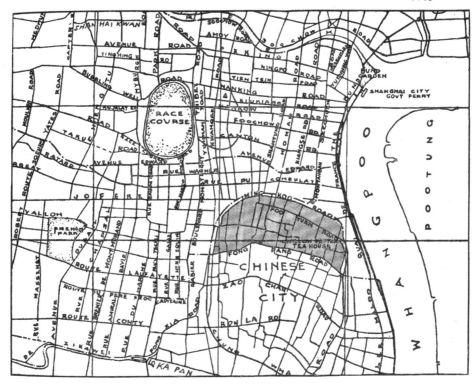

南市安全区范围

南市安全区内难民

197

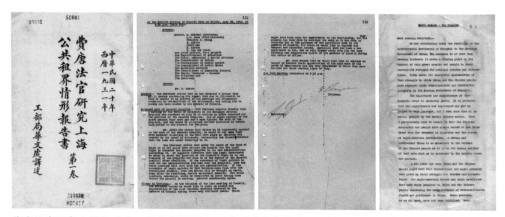

费唐法官研究上海公共租界情形报告书

1943年7月30日，工部局董事会最后一次会议记录

工部局日本总董冈崎胜男为将租界交还汪伪政府发表的广播演讲稿

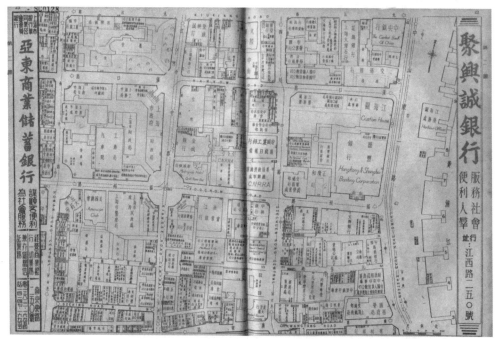

国民党上海市政府大楼功能分布图(选自1947年刊印《上海市行号路图录》)

1947年，上海市市长吴国桢(中)在市政府大楼会见联合国官员

1949年5月26日，旧上海市政府最后一次会议记录

市政府门口插起白旗(舒宗侨摄，1949.5.25，陈立群提供)

上海市第一届人民政府委员合影，合影地点就在曾经的工部局大楼

1949年5月，工部局大楼再一次见证了历史性的政权交接。5月25日，解放军攻入上海市区，26日下午，旧上海市政府最后一次会议在代市长赵祖康主持下，讨论了向人民政府移交权力等问题。5月27日，上海全境解放，中国人民解放军上海市军事管制委员会宣告成立。28日，上海市人民政府成立，陈毅出任解放后第一任上海市长，工部局大楼作为上海市人民政府办公大楼迎来新生。

1949年10月1日，中华人民共和国成立。10月2

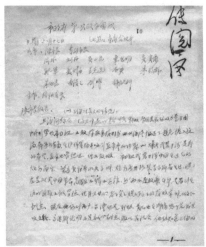

1949年6月17日，上海市人民政府第一次政务会议记录

—1—

上海市第一届人代会议案审查委员会在市府大楼内开会(1949.12)

日上午8时，上海市军管会及上海市人民政府在该楼举行升旗仪式。在这幢大楼里，陈毅等上海市人民政府领导运筹帷幄，带领全体上海人民战胜种种困难，巩固了人民政权，为上海全面建设奠定了坚实基础。1950年5月，上海解放一周年之际，刻有陈毅市长手书的"上海人民按自己的意志建设人民的新上海"的石匾被镶嵌在大楼的墙壁上。

为了使大楼更好地为人民服务，上海市人民政府于1950年将原万国商团操练厅改建为市府大礼堂，以会议为主，兼顾文艺演出、电影放映，这里成为上海接待国际文化交流演出的重要场所，来自印度、美国、英国、法国、苏联、朝鲜等十几个国家的艺术团体曾在此演出。1979年1月中美两国正式建交后，美籍日裔指挥家小泽征尔携波士顿交响乐

"二六"轰炸死难同胞追悼大会(市府礼堂, 1950)

团首次来华,于3月15日晚在市府礼堂为上海市民献上精彩演出。直至1980年代,市政府大礼堂还是上海为数不多的舞台设备和音响效果较好,又有冷暖气设备的大型演出场所。档案记载,1982年,10多个国外艺术团体在市政府大礼堂举办了39场演出,其中比利时皇家芭蕾舞团、日本胜利舞蹈团和联邦德国话剧团还先期前来踏勘场地,以至于有关方面不得不推迟了礼堂的室内装修计划。

1955年,市人民政府迁至外滩原汇丰银行大楼办公,老市府大楼成为上海市民政局、园林管理局等单位办公地,继续为城市管理发挥作用。

为加强优秀历史建筑和历史文化风貌区保护,加快推进核心区域城市更新工作,使外

国庆五周年时市政府灯光外景(1954)

上海市第一届人民代表大会第二次会议在市政府礼堂举行(1955.2)

1956年，上海市郊农村全部实现高级农业生产合作社，市郊农民代表向上海市人民委员会报喜

波士顿交响乐团在沪演出节目单　　　　波士顿交响乐团在市府礼堂演出现场

滩区域历史建筑重现风貌、重塑功能，变"古旧"为"经典"，早在2014年，上海市相关部门和黄浦区就将老市府大楼修缮工作列为黄浦区160街坊保护性综合改造项目，并作为上海市城市更新示范项目和外滩"第二立面"改造项目。2019年10月，该改造项目内老市府大楼等建筑的保护修缮工作正式拉开帷幕。此次改造还将弥补原工部局大楼初建时的遗憾，修缮方将对大楼现有的L形缺口进行围合，使其外形与建造时的设计图一致。缺口处重新围合的建筑将有自己的风格，但整体将与老楼保持一致。预计2022年大楼建成100年之际，保护性综合改造后的老市府大楼将作为办公场地，建筑中央的广场将向市民游客开放。

　　　　　　　　　　　　　　　　　　　　　　　　　　　　（胡　劼）

百年沉浮话永安

说到上海的商业，不能不提被誉为"中华第一街"的南京路。在这条万商云集的马路上，曾先后崛起了先施、永安、新新、大新四家华商百货公司，它们在风云变幻的上海滩创造了无数传奇的商业故事。其中，作为"四大公司"中如今唯一保留原名的永安百货，它的历史可以算是上海百年商业发展的缩影。

永安百货大楼位于今天的南京东路路南，坐落在湖北路和金华路之间，门牌南京东路627～635号，创始人为祖籍广东中山的郭氏家族。1880年代，郭家的郭乐、郭泉兄弟先后去澳洲悉尼寻求谋生之道，1897年8月1日，他们在悉尼创设永安果栏。由于经营得当，很快发展为一家总店，四家支店。1905年，受到澳洲当地百货公司的启发，郭氏兄弟赴香港开设永安公司，短短几年间就发展为香港知名华人百货公司。

为了扩大永安的商业版图，郭氏兄弟又将目光聚焦华洋汇集、百业兴盛的上海。当时上海百货业市场主要由惠罗、福利、泰兴、汇司等洋商大型百货公司把持，服务对象也主要是在华外国人。上海的小百货业则因货品单一、地理分布不均、经营理念落后等因素，难以满足国人日益旺盛的购物需求。看准上海百货业的巨人商机之后，郭氏家族出资82.65

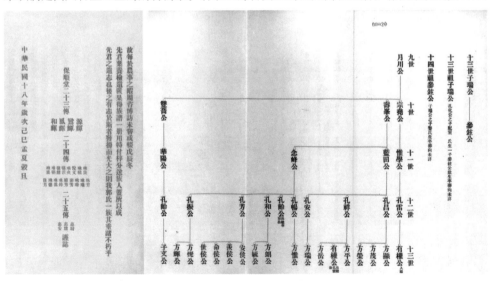

永安公司创办人郭氏家谱

208

万港币，并通过"招股分红"的形式向华侨同乡等募集资金，最终投资金额共为250万元港币，分为2.5万股，每股100元。在招股的同时，郭氏家族的郭泉、郭葵于1915年7月间来上海物色铺址，经过近三个月实地考察，慎重选择，最终敲定了南京路上一块业主为哈同的地皮。无巧不巧，这块地皮正好位于同为广东籍人士建造的上海第一家华商百货公司——先施公司对面。选址在此，颇有与先施公司打擂台之意。铺址选定之后，即由郭泉代表永安与业主哈同签订租约，从1916年4月起，租期为三十年，每年租金白银五万两。

对于永安百货的定位，创始人们在筹备之初即有详细规划，在永安公司筹备会议记录中提到，附近的"大世界游戏场生意异常拥挤，将来公司如游戏场太少甚为可惜，不如将永安公司楼下二、三、四楼作为营业场，而将五楼作旅社，六楼作游戏场，并且要扩张游戏场"。可见永安百货创办之初，就不仅定位于单纯的商店，而是集购物、娱乐等于一体的综合商业空间。

1918年9月，由英商公和洋行设计的永安百货大楼落成。大楼为6层折中主义古典式建筑，占地5681平方米，建筑面积30992平方米。建筑平面略呈方形，朝向路口的东北角沿街处理为弧形，入口处采用爱奥尼式双柱，楼顶建有一座名为"倚云阁"的巴洛克式塔楼。9月5日，永安百货正式开幕，整个商场被人群围得水泄不通，不得不采取"凭代价券"进门的方法来限制人数，轰动上海滩。

永安公司主打百货业，一层临街的大玻璃橱窗，首开上海商店马路橱窗陈列商品之先河。公司营业面积达一万余平方米，商品的花色品种多到一万多种，四层楼面分布着30多个商品部。拥有职工三四百人。商品部的安排主要依商品用途分门别类，并将相关部门放在同一区，以方便顾客搜寻。比如，饼干、糖果、罐头等食品部门相邻而设，袜子、毛衫、手套等服饰部门设于一处。另外，随着商品种类日益丰富，商品部门愈加细分。至1936年，公司商品部门增至50个。其中，由于独家经销的康克令钢笔持

郭泉，永安公司创始人之一

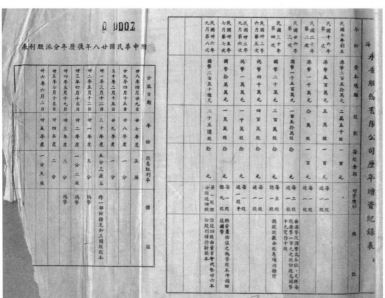

上海永安股份有限公司历年增资记录表

续热销，永安百货还特别在文房部旁开设了"康克令笔部"。

在楼面商品安排上，永安百货也从顾客心理出发动足脑筋，商场一楼，多为日常用品，例如牙膏、香皂、手巾等，这些商品购买时不需详细选择，而且顾客多是来逛公司的，临时看到认为需要而购买。二楼则为绸缎布匹等商品，购买者以妇女居多，她们习惯于细心选择，比较货品价格，而且绸缎等商品陈列所占铺位面积也比较大。三楼为珠宝首饰、钟

由永安公司代理的康克令钢笔广告

开业初期的永安百货大楼

表乐器等比较贵重的商品。四楼则是家具、地毯、皮箱等大件商品。不论从商品门类、备货数量或营业员人数来看，可以说每一个商品部就相当于一个专业性商店。其规模之大，经营范围之广不仅一般中小型商店无法比拟，也远超几家颇具规模的洋商公司。

除了百货，永安公司从开业之初，就贯彻顶先确定的"以经营环球百货为主，同时兼营其他附属事业"的经营方针。公司大楼内有定位高端的大东旅社，以及吸引大众消费的跑冰场、茶馆、戏院等附属事业。其中永安跑冰场为上海最早的旱冰场，空闲时场馆里还会举办歌舞表演；可容纳500人左右的大东跳舞场则为上海首家营业性舞厅，舞厅内装修奢华，西洋乐队水准颇

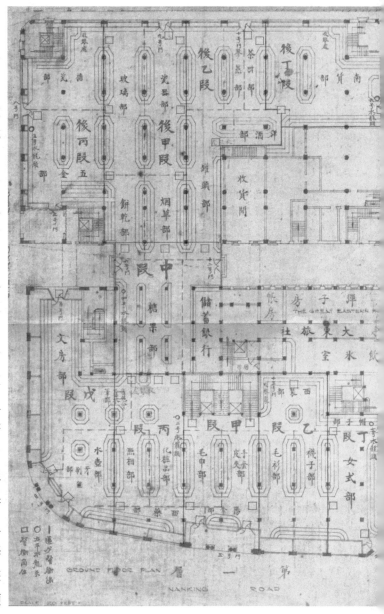

永安百货一层平面图

永安百货女鞋柜台

永安跑冰场内景

永安跑冰场

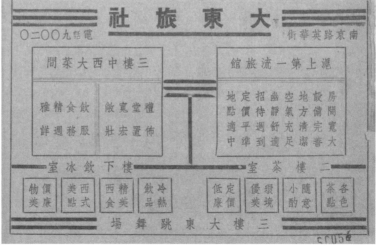

大东旅社广告

大东跳舞场内景

1937年，日本新闻媒体在大东旅社酒楼举行招待酒会

大东跳舞场乐队

郭泉自述——《四十一年来营商之经过》　　　　永安百货时装表演纪念册

高，一经推出即风靡上海滩。中西大菜、酒吧间、弹子房、舞场等一应俱全的大东旅社位于永安百货大楼西北角。旅社原有五个楼面，60多个房间，1920年扩充至142个房间。一流的设施使之与东亚、远东和一品香旅社并称为上海滩旅社的"三东一品"，成为华侨、官员等贵客闻人青睐之所。1935年，影后胡蝶的隆重婚礼也曾选择在此宴请众宾。

这样一座集购物、住宿、娱乐、餐饮等功能于一体的百货公司，可以算是如今综合型商业体的雏形了，在当时的上海滩更是一种创新。开业后，平均每天销售额可达一万余港币，原本预备销售一个季度的货品仅仅20天左右即卖出大半，当年营业额更是达到226万余元。至1930年，永安的年营业额已达1380余万元，一跃成为上海百货业龙头。

除了货源充足、品类齐全，永安"顾客永远是对的"的服务理念也颇为超前。档案记载，永安公司要求职员："对于顾客，要欢容款接，善为招待，切勿与之争执。倘社会团体有所委托，尤应欣然接受，妥为办理，勿辞劳苦，务须令其满意。"同时，公司对职员的任用管理也"以人才为标准，赏罚尤宜严明"，通过考核等次进行激励，"使全体职员皆知勤慎厥职，爱惜公司名誉，丝毫不敢苟且"。

永安新厦

永安新厦大门口

"八一三"事变中被炸的永安百货门前照片

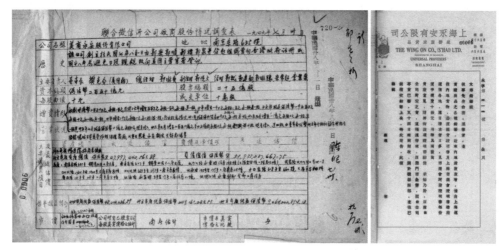

美商永安股份有限公司股份情况调查表 　　　1940年，永安百货向大华铅笔厂订货信

　　在营销方面，永安百货也有诸多创新，如送货上门、电话订购、发售礼券、定期大减价等，均开当时风气之先。永安百货还曾在百货大楼内举办时装表演会，展示新式旗袍、现代晚服、运动衣、游泳衣等最新款女装。同时还制作了时装表演纪念册分发给观众，纪念册内印有精美新装图样，以及香水、丝袜等各类女士用品广告供选购参考。此举引领了当时的风尚潮流，进一步扩大了公司女装用品销量。为了方便贵宾购物，永安还开创性地推出了"永安折子"，可谓中国最早的VIP会员卡，客户可凭折子记账购物，按期结算。"永安折子"一经推出，立即受到上流社会追捧，前来开户者络绎不绝，人人皆以拥有永安折子为身份地位的象征。

　　1932年，永安公司在老楼东侧扩建了高19层的永安新厦，并在第四层楼凌空架起两座封闭式天桥，与老永安大楼相连。永安新厦的建筑设计师哈沙德，同时也是上海哥伦比亚乡村俱乐部的设计者，其建筑理念颇受欧美建筑美学的影响，天桥的设计，就是"取法纽约沃氏百货公司(John Wanamaker's Store)和纽瓦克保诚人寿大厦(Prudential Life Insurance Buildings at Newark)"。这座天桥"不但打破街道对两幢大楼的阻隔，更可说将街道纳入商店版图之内，使顾客毋需走到地面便可以穿梭于新旧大楼之间，天桥的顶盖及窗户更使来往行人免受日晒雨淋之苦"。新厦装有冷暖气及快速电梯，一至五层为公司营业用房，七层是闻名沪上的"七重天酒家"。

作为一家华商企业，永安公司除了经营西洋百货，还积极倡用国货。大华铅笔、盛锡福帽子、龙虎牌人丹、三星蚊香、雄鸡牌毛巾等国货品牌随处可见。1930年代，随着抗日救亡运动的高涨，永安公司国货进货额从1934年的16.5%，增至1935年的35.1%，1936年则高达65%。1937年，全面抗战爆发。"八一三"事变当日，南京路遭受轰炸，永安百货大楼也受到波及，15名永安职员不幸身亡，大楼靠南京路的门窗玻璃全被震碎，商品被毁，估计损失达40多万元。日军占领上海华界后，身处租界"孤岛"的永安为避免日寇觊觎，将公司注册为美商，请曾任工部局总董的美国人樊克令出任公司董事长。

即使在这样的艰难图存时期，永安公司依然秉持爱国热忱，继续倡用国货。在永安百货与大华铅笔厂的往来信件中，可以感受到当时全国倡用国货的氛围："贵厂出品之各种铅笔，近来内地销数激增……以往公司所定货物，望速寄来，以应门市急需，因敝公司存货

《永安月刊》创刊号

1949年4月29日，郭琳爽致香港亲属函

1950年代的永安公司

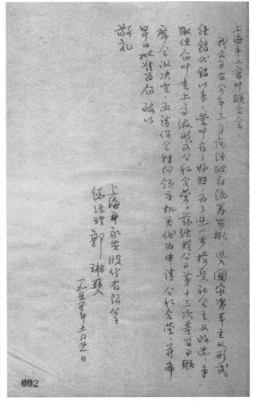

1955年11月，郭琳爽致上海市工商业联合会要求公私合营的函与上海第一商业局批准永安公司合营的复函

已罄。"

　　1941年12月，太平洋战争爆发，日军进占租界，上海全面沦陷。1942年，公司的"美商"身份使其成为日军"军管"对象，日军派遣"监督官"进驻永安公司，权力凌驾于公司经理之上。困顿交错的永安公司损失惨重，利润骤减，不得不向汪伪政府实业部提出注册申请，再次变更为华商企业，以解除"军管"。

　　值得一提的是，"孤岛"时期的永安公司还创办过一份《永安月刊》。这份刊物创刊于1939年3月，"内容包含甚广，举凡足以辅助商业、家庭及个人之知识，与散文、小品、图

1956年1月13日，公私合营永安公司成立签约现场。公方代表陈恤贵(右)与私方代表郭琳爽在协议书上签字

永安棉纺织印染厂在大东舞厅签订劳资合同(1960)

庆祝永安公司实行公私合营现场

公私合营永安公司绸缎部　　　　公私合营永安公司糖果柜台(黄浦区档案馆提供)

1963年,公私合营永安公司上海市商业零售企业登记卡。从登记卡上看,当时永安公司已经有东方红百货商店的名称

画、摄影等,无不博采。取材求富,选择求精",以此引领时尚潮流、增加营业。杂志还每月随刊附送包括康克令钢笔、花鸟鱼、照相馆、跑冰场等各类优惠券,起到了很好的广告作用。这份刊物一直出刊到上海解放,不仅是了解永安公司,还是了解1940年代上海的珍贵资料。

抗战胜利后,美军剩余物资倾销狂潮席卷上海,市集巷肆,美货泛滥,民族工商业遍体鳞伤,永安公司重振国货商场的计划化为泡影。1947年2月9日,永安公司西鞋部职工梁仁达在劝工大楼(今南京东路334号)举行的"爱用国货,抵制美货"大会上因制止特务打手捣乱而被包围毒打,伤重不治。当时与会的郭沫若尊之为"爱国英雄",作诗悼念:"人达而已达,求仁而得仁,毁灭者身体,不灭者精神。"

1949年上海解放前夕,永安公司再次面临抉择。时任永

1988年,为庆祝华联商厦建店70周年,上海第十七毛纺厂在该店举办绒线展销会

安公司总经理的郭琳爽(郭泉之子)受到公司内中共地下党员的影响,决定留在上海和职工共同迎接解放,并致函在香港的亲属,表达了"决不敢轻易言离"的态度。他的行动,也坚定了一批徘徊观望的上海工商界人士留在上海的决心。5月25日清晨,永安公司的地下党员登上倚云阁顶,升起了上海解放后南京路上的第一面红旗。

解放后,永安公司迎来了新生。1956年1月13日,永安公司公私合营,成为上海百货业第一家公私合营的商家。郭琳爽担任公私合营永安公司总经理。实行公私合营后第一年,永安盈余50多万元,是公司近八年来第一次获得盈余。1956年至1960年,永安"一共做了一亿三千五百九十多万元生意,而合营之前,从1951年到1955年的五年时间里,总共只做了三千多万元生意"。商场"每天接待顾客八万多人,每逢节假日多得几乎加倍。公司有二百五十多个商品专柜分布在四层商场里。经营的商品，总的分吃、穿、用三大类，花色品种，共有三万七千余种"。

在此期间，随着上海工业、制造业的欣欣向荣，永安商场内的国货品种也日益丰富，"如全钢避震手表、四速电唱机及密纹唱片、熊猫牌等名牌收音机、各种卡普龙(人造纤维)织物及塑料制品等等，品类繁多，质量高超"。公私合营后，商场职工把"主动、热情、耐心、周到"八个字作为招待顾客的座右铭，处处为顾客着想，诚心诚意为顾客解决困难。永安"专门设立了服务处为本外埠顾客办事"，"为工厂、机关、农业社等单位开办了代购商品的业务，服务对象遍及新疆、西藏、黑龙江、海南岛等边远地区"。

1949年后，受各种因素影响，永安公司曾多次更名。1960年代，一度更名为东方红百货，1969年，又改名为上海第十百货商店。改革开放后的1987年，第十百货商店通过贷款，投资3200万元，引进先进技术和设备，进行全面改建装修，营业面积扩大至13500平方米。1988年1月18日竣工复业，第十百货再次更名为上海华联商厦。因应改革开放的潮流，华联商厦在经营上也采取引厂进店、设置厂家专柜等方式，使顾客有了更多选择。

虽然屡次更名，但"永安"的称呼一直在市井百姓中口口相传。2005年4月28日，上海华联商厦南京东路店正式翻牌为永安百货有限公司，"永安"二字被重新启用，这个消失半个世纪的名字重新出现在上海滩。如今，历经百年风雨的永安百货，继承和发扬其基因中的"顾客至上"传统，以新作为打响"上海服务"品牌，在公司成立100周年之际推出多项创新服务举措：商场盥洗室内门上张贴了快捷服务热线，客户服务中心全天候提供充电宝免费借用服务。永安志愿者服务队穿上旗袍，英语、日语、沪语、手语等为顾客提供导购服务。未来，永安将以"透过永安看上海、透过永安看世界"的理念作为转型方向，相信这座百年老店，会在未来焕发出新的活力。

（胡 劼）

"船厂1862"
——黄浦江畔的工业遗产

2018年，黄浦江畔的陆家嘴滨江金融城，一个名为"船厂1862"的演艺空间悄然落成。"船厂"揭示着这个空间的前世——这里曾是上海船厂的所在地，"1862"则表明它的悠久历史——其源头可以追溯到开埠不久的1862年。

　　上海船厂源头众多。1862年，英商尼柯逊、包义德在这个地块开设了祥生船厂，初期制造军火，后来修造船舶。上海开埠后，外商往来上海船只众多，船舶修造业也应运而生，祥生船厂是其中开办较早的一家，也是最早一批在沪经营的外商企业。可以说，它所在的浦东陆家嘴地区，也是上海工业最早的发祥地之一。在相继兼并了虹口的新船坞和浦东炼铁机器厂后，1891年，祥生船厂改组为股份公司。1901年，祥生又与另一家英商企业耶松船厂合并，组成了耶松船厂股份公司。耶松船厂自身也有悠久的历史，它1864年开

19世纪中期耶松船厂船坞

业，仅比祥生晚了两年。合并后的耶松船厂公司，资本额跃升为白银557万两，成为上海唯一拥有6个大船坞、1个机器厂及仓库码头等各种设施的大船厂。

1900年，上海外商修造船业又多了一家德国企业——瑞镕船厂。瑞镕船厂由德籍犹太人阿诺德兄弟创办，第一次世界大战时，瑞镕船厂被英商汇丰银行托管。一战结束后，瑞镕船厂创办人阿诺德兄弟先后去世，但他们的后代小阿诺德兄弟因为从小生活在英国，拥有英国国籍，便以英国公民身份申请发还船厂，由此，瑞镕也摇身一变成为英商企业。1936年，本来就经过多次兼并的耶松、瑞镕再次联合重组，成立了英联船厂。合并初期，两厂仍独立经营，还是以船舶建造及修理业务为主业。抗战胜利后，上海的联合征信所对英联船厂的企业调查资料显示，英联船厂"主要资产有杨树浦路640号办公处之房屋地产及船坞两座，在浦东董家渡及杨泾各有船坞一座"。杨泾即现在浦东洋泾地区的别称，也就是后来上海船厂浦东厂区，即现在的"船厂1862"所在地。

然而，这些外资船厂并非后来上海船厂的唯一源头。上海船厂的另一个源头是创建于1914年的招商局机器造船厂。当年，作为国营企业的招商局拨款37600余两白银，在浦东陆家嘴租地7亩，设立了招商局内河机厂，1928年改名为招商局机器造船厂。1936年全面抗战爆发前夕，招商局机器造船厂内迁，先后辗转汉口、重庆等地，抗日战争胜利后又迁回上海，并接收了闸北、南市和浦东的三个小修理厂，分别命名为国营招商局第一、第二、第三船舶修理所。1947年10月，招商局将第一、第二两个修理所合并迁至浦东泰同栈第三船舶修理所，并改名为国营招商局机器造船厂。

上海船厂历史悠久，在上海乃至中国造船工业史上占有重要地位。1870年，祥生船厂就为英商怡和轮船公司建造了一艘总长64米，排水量1300吨，载重量763吨的货船，不仅船体，而且主机、锅炉等重要部件皆为该厂所造。1884年，耶松船厂也曾为怡和轮船公司建造了一艘船长85.34米，载重2522吨的货船，该船当时被称为在远东所造的最大商船。虽然如此，但在解放前，总体上说，上海船厂的几个源头主要业务还是修理船舶。有资料记载，上世纪二三十年代，英联船厂及瑞镕船厂共承修中外舰船2248艘，其中包括英国军舰64艘、美国军舰21艘、日本军舰31艘、意大利军舰1艘，生意颇为红火。抗战胜利后，招

1880年出版的《行名录》里关于耶松船厂的记载，当时它在浦东、虹口等地设有码头船坞

1912年出版的《行名录》有关祥生船厂的记载。祥生下面，就是上海船厂的另一源头瑞镕船厂

商局第三船舶修理所也曾将浦东自来水厂购置的报废美国登陆艇改建成"浦水号"给水船。

上海船厂有着光荣的革命传统。早在1868年，耶松船厂工人就因工头克扣工资而举行过罢工。1879年，祥生船厂英国工头借口工人在修理轮船时工作迟缓而对工人拳脚相加，不甘受欺的工人们也曾奋起罢工抗争。1919年"五四运动"期间，上海市民发起罢课、罢工、罢市的"三罢"斗争，祥生、耶松、瑞镕船厂5400余名工人一致行动，连续罢工6天，轰动上海滩。1925年，祥生船厂工人杨培生等加入中国共产党，并

小阿诺德兄弟除了经营企业，在政坛也十分活跃，其中的H·E·阿诺德在上世纪二三十年代曾多次担任公共租界工部局董事和总董。图为1934年阿诺德(前排右三)任工部局总董时与其他董事合影

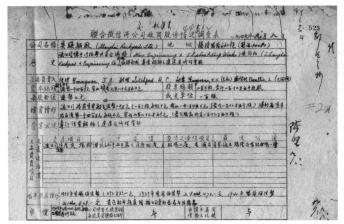

1949年9月上海联合征信所对英联船厂的调查记录

1948年7月国营招商局机器造船厂填写的上海市造船工业同业公会会员工厂调查表

在祥生船厂建立了中共地下党支部,祥生船厂成为浦东地区工人运动的堡垒,船厂的"杨师傅"也成为工运领袖。1927年4月,杨培生担任上海总工会代理委员长,并作为上海代表前往武汉参加党的第五次全国代表大会,并在这次大会上当选为中央监察委员会候补委员。会后,杨培生回到上海继续从事工人运动,当年6月底因叛徒出卖在横浜桥被捕,随即在龙华英勇就义。

抗战期间,祥生、耶松船厂工人在地下党动员下组织工人反日会,发出《反对修理日本兵舰宣言》。解放前夕,英联船厂工人在地下党领导下,组织工人纠察队展开了英勇的护厂斗争。纠察队员们驻守变电站、船坞、锅炉间等重点部位,还对驻厂的国民党青年军二0二师一部展开劝降工作,迫使国民党军放下武器,保全了工厂的财产。

1949年5月,上海解放。当月29日,上海市军事管制委员会航运管理处接管招商局机器造船厂,改名为招商局轮船股份有限公司船舶修造厂。1951年11月,工厂改名为中央人民政府交通部海运管理总局上海船舶修造厂。1952年8月15日,英联船厂被上海市军事管制委员会征用,1954年1月1日并入上海船舶修造厂。1982年6月,上海船舶修造厂由交通部划归中国船舶工业总公司领导。1985年3月,正式改名为上海船厂。

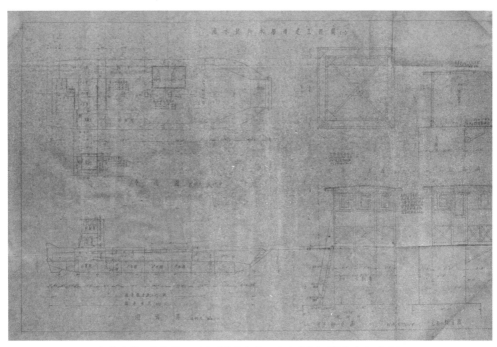

招商局第三船舶修理所为浦东自来水厂改建"浦水号"给水船的图纸

解放初期，上海船厂依然还是以修理船舶为主业。在一份1955年的档案中，船厂也自承"本厂系修船厂，每年修船都是老任务，没有定型问题"。在生产组织上"经常发生窝工和施工中互相衔接不好的情况"，在掌握工艺规程上"修配思想严重，缺乏科学的生产知识，因而干部工人都不善于按图纸、按工艺施工"，等等。比如，船厂在1953年11月开始承修苏联"食品工业"号大型冷藏船，但因种种原因直到1957年初才修理完毕。在苏联专家的帮助和自身不断努力下，船厂生产逐渐走上正轨，并涌现出胡金良、姚国祥、陆金龙等知名劳动模范。其中姚国祥是上海船厂历史上最著名的电焊工，他技艺高超，曾长期保持一天焊接电焊条220根的记录，并在我国原子弹、氢弹、物理加速器等"大国重器"的生产中发挥了重要作用。

1958年，上海船厂开始进入既修又造的发展新时期。当年，船厂为建造3000吨级沿海

杨培生烈士　　　解放后，杨培生烈士当年的战友回忆其　1938年，祥生、耶松工人反日会
　　　　　　　　事迹的证明材料　　　　　　　　　发出的抗日传单

上海解放前夕，英联船厂工人纠察队员武装保卫船厂

1952年，英联船厂职工集会欢迎军管会接管船厂

船舶"和平四十九"号兴建3000吨船台(1号船台)，同年11月完工。船厂还研制成功国内第一台2000马力船用柴油机。1959年，"和平四十九"号建成。同年4～6月，船厂结合新制第一台40吨门式起重机对1号船台进行扩建，使该船台实际已具备建造5000吨级船舶的能力。1970年，上海船厂在这个船台上建成"风雷"号万吨远洋货船。以此为标志，上海船厂步入了以制造船舶和船用机械的时代。也就是在70年代初，上海船厂经历了一次大的改造，新建了不少厂房，"船厂1862"的原始建筑，就是这次改造时建设的锻机车间。

1973年11月，为满足长江下游内河航运需要，上海船厂根据交通部下达的计划，建成下水了长江下游大型客货船"东方红11号"。1975年1月，"东方红11号"正式投入武汉—上海间航线，是当年长江航运线上最大的客货船。"东方红11号"前货舱装有液压升降机械，既减轻了船员和码头装卸工人的劳动强度，又提高了货物装卸效率。在旅客生活设施方面，即使是五等舱也设置了固定铺位和行李架。全船设有内外走道，各层甲板的旅客冬

反映解放初期上海船厂生产情况的档案

1955年上海船厂修理大中型船舶表，上面写明"本厂系修船厂，没有什么定型产品"

天可以走内走道，夏天可走外走道，冬暖夏凉。上海船厂的科研人员还自主开发了主机遥控装置，将轮机人员从主机操纵手盘上解放出来，减轻了劳动强度，降低了误操作可能性，船舶操纵的灵活性和快速性得到显著提升。由于"东方红11号"具有吨位大、载客多、稳性好、航速快、设备新、波浪小等优点，上海船厂在1975～1984年间，一共建造了同型船只共20艘，这些船也以首船的名字被命名为"东方红11型"。当年，上白下绿的"东方红11型"船在海鸥环绕下缓缓驶入黄浦江，引得外滩无数游人驻足观看。

从上世纪七八十年代起，上海船厂在改革开放大潮中再上新台阶。1978年，上海船厂首次出口万吨级远洋货轮"绍兴"号，净创外汇1088万美元。值得一提的是，"绍兴"号也是我国首次出口的万吨轮。1980年，为罗马尼亚建造4艘900马力拖船。后又为中波轮船公司建造了"鲁班"号、"张衡"号、"华陀"号和"屈原"号4艘1600吨级多用途船，为联邦德国建造4艘1230吨级集装箱船。走出了一条"以进养出，以出养进"的新路子。1984年，上海船厂建成半潜式海上石油钻井平台"勘探3"号，它是国内第一座自行设计制造的非自航、立柱稳定半潜式海洋石油钻井平台，作业水深35～200米，钻井能力6000米，先后在东海、南海、缅甸等海域作业，共钻井50余口，累计进尺16万余米，为我国东海春

被评为1954年上海工业劳动模范的
姚国祥事迹介绍

1950年代，上海船厂女工校验船用仪表

晓、天外天等海洋油气田的开发做出了突出贡献。

在修船方面，上海船厂先后与外商合作建立了11个船舶专业技术维修服务站，修船能力居国内前茅。造机方面，船厂引进瑞士苏尔寿和丹麦B＆W公司专利，制造了多个系列的苏尔寿船用柴油机。至1995年末，上海船厂全厂有职工8500多人，其中各类专业技术人员1700人。固定资产原值3.78亿元。拥有3.5万吨级(具有6万吨级能力)和2.5万吨级船台各1座，2.5万吨级(举力1.15万吨)浮船坞1艘。1万吨级和5000吨级干船坞各1座，码头岸线1500多米，具有设计、建造6万吨级各类船舶、海上石油钻井平台；修理、改建10万吨级各类船舶、海上石油钻井平台；制造23000千瓦以及以下各类大型船用低速柴油机的能力和各种钢结构、大型非标设备的制造、配套安装的技术力量和综合能力。

2005年，上海船厂整体搬迁至崇明。新的崇明生产基地占地约151万平方米，岸线总长扩展到2350米，主要生产设施设备有7万吨级船台1座，配有100～150吨多种型号的门座式起重机，270米×110米港池一座，海工平台输出码头长85米，造船舾装码头长850米，海工

1960年苏联驻中国商务代表处上海分处关于上海船厂修理苏联船舶的档案

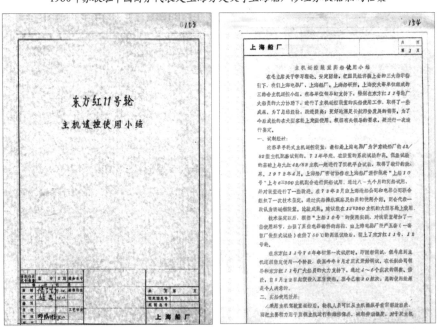

上海船厂在"东方红11号轮"安装主机遥控装置的使用小结

加拿大外宾参观上海船厂(1974)

时任英国保守党领袖撒切尔夫人访问上海船厂时与工人握手交谈(1977.4)

舾装码头长760米……生产条件大大改善，使船厂成为国内具有鲜明特色的自主研发和建造能力的大型企业，在钻井船、物探船、多用途船的研发建造技术上处于国内外领先水平。

船厂迁离后，深耕上海多年的中信泰富有限公司与上海船厂的母公司中国船舶工业集团公司达成战略合作，在船厂原址上开发占地136万平方米的陆家嘴滨江金融城(HARBOUR CITY，简称HBC)。陆家嘴滨江金融城集综合商业、住宅、艺术、酒店、办公于一体，除了"船厂1862"以外，还汇集了八栋总面积180万平方米的甲级金融办公楼、高端商业尚悦湾、高端公寓九庐及上海浦东文华东方酒店等业态，成为小陆家嘴金融核心区又一标志性城市建筑群。

其中，"船厂1862"是陆家嘴滨江金融城独有的综合性文化艺术品牌，人文历史、潮

1980年代初，上海船厂在市计划会议上的交流发言材料　　作业中的"勘探3号"钻井平台

绍兴号

上海船厂搬迁前的景象

新世纪初年，浦东上海船厂景象(《解放日报》提供)

流时尚、艺术展演、高端商业等元素在这里跨界融合。最靠近浦江的老厂房被保留下来，经由日本著名设计师隈研吾的生花妙笔，又被注入接轨国际的更新升级理念，作为历史遗存的老厂房得以改造性再利用。斑驳的红砖墙、"蒸汽朋克"风的通风管道、裸露在外的横梁和立柱，构成了一个充满历史感和工业感的空间。

独特的历史使"船厂1862"成为一座充满回忆的"博物馆式剧院"。而剧院一层全部可以移动的座椅，9块均可独立升降的舞台让空间变得更加灵活，让这里看上去有着不同于其他剧场的年轻气息，以及更加多元的色彩。更为特别的是，舞台背景是可开启的玻璃隔声门，将它打开，可以听到船厂绿地的鸟鸣声和黄浦江上的汽笛声。可以想象，如画的

"船厂1862" 内景(张新摄)

"船厂1862"滨江风光(张新摄)

黄浦江边，伴随一缕江风，演员们从室外走进来，这将会给观众带来怎样的体验！而不远处同样被作为历史遗存保留下来的老船台，经著名建筑师库哈斯之手变成了展览中心，使这个"城中之城"的艺术气息更加浓郁。

更值得期待的是，焕发新生的"船厂1862"，还将和北外滩艺术中心、陆家嘴金融区楼宇剧场、老码头音乐剧场、梦中心剧场、上海大歌剧院等相互串联，构成"滨江创新创意剧场带"，为正经历着脱胎换骨式更新的黄浦江滨江地区注入更多活力。

（张 新）

上生·新所与哥伦比亚圈

2018年5月，上海，人来车往的延安西路番禺路口，一个名叫上生·新所的多功能综合体悄悄开张营业。这里曾长期是上海生物制品研究所的所在地，"上生"的名字即源于此。这片地块中，坐落着哥伦比亚乡村俱乐部(Columbia Country Club)、孙科别墅等历史悠久的建筑，这几幢带有浓浓的历史感和沧桑感的老建筑，连同解放后新建的工业建筑一起，在设计师的匠心独运下重新焕发青春，成为上海城市更新的又一个典范。这里又与邬达克、哈沙得等知名建筑师以及颇具神秘感的"哥伦比亚圈"联系在一起，更使其自带"网红"气质，开张后立刻成为沪上追逐时尚人士的"打卡胜地"。那么，这些地方，在档案里又有着怎样的前世今生呢?

哥伦比亚乡村俱乐部又叫美国乡下总会，是由在上海的美国侨民创立的娱乐交际场所。从它的英文名字Columbia Country Club看，"Country"是乡村的意思，俱乐部成立之

上生·新所(张列萍摄)

1920年代的法租界杜美路，还是城乡接合部，远没有今天东湖路的"高端大气上档次"

初，坐落在法租界杜美路(Route Doumer，今东湖路)50号，当时这里属于法租界西区，尚未完全城市化，确实是一派乡村景象。而俱乐部"Club"，老上海一般称之为"总会"，什么英国总会、斜桥总会……在记载公司行号的《行名录》上，哥伦比亚乡村俱乐部被称为美国乡下总会也就是这个道理。至于"Columbia(哥伦比亚)"这个名字，是因为纪念1492年发现美洲大陆的哥伦布的缘故，当时到美洲的欧洲移民都自称是哥伦比亚人，直到今天，美洲还有许多以哥伦比亚命名的地方，如加拿大有不列颠—哥伦比亚省，美国首都华盛顿的正式名称也叫作哥伦比亚特区，和现在南美洲的哥伦比亚并不是一回事。

关于哥伦比亚俱乐部的创立时间，坊间一般都说是在1921年前后。然而考之档案，从俱乐部自己印制的章程封面上，可以看到"ORGANISED, APRIL 1917"的字样赫然在目，原来，早在1917年4月，俱乐部就已经发起成立了。在1919年出版的《行名录》中就已经有了俱乐部的确切记载。直到1924年，俱乐部仍然在杜美路。此后，因为建筑设施不

1919年上海出版的《行名录》首次出现美国乡村俱乐部，当时地址在杜美路(今东湖路)50号，到1927年，《行名录》上再次出现俱乐部记载时，地址已经是大西路(今延安西路)了

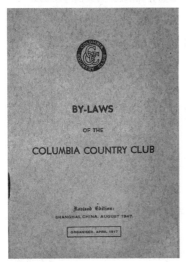

1947年哥伦比亚俱乐部章程的封面载明了其设立时间

敷应用，经俱乐部会员决议，由总会出资，再加上会员捐助，在沪西公共租界的越界筑路地区购置新辟道路沿路的土地，另外建了新的俱乐部，这就是如今哥伦比亚乡村俱乐部建筑的所在。而购地建房之初，新辟的马路还没有正式的名称，周边都是农田，乡下总会的名字依然是名副其实。到了1927年，《行名录》上才又见俱乐部的踪影，而此时，它的地址已然是大西路(Great West Road)，也就是现在的延安西路的门牌号了。

直到1924年，《行名录》中美国乡村俱乐部的地址一直都在杜美路，到1927年，《行名录》上再次出现俱乐部记载时，地址已经迁至大西路。哥伦比亚俱乐部新址由美国建筑师哈沙得(Eliot Hazzard)设计。哈沙得的人生历经颇为精彩，他年轻时就读于美国佐治亚技术学校，1900~1917年在美国纽约从事建筑设计。此后又从事航空事业。1920年12月来华后，先在茂旦洋行(Murphy & Dana)

建成之初的哥伦比亚乡村俱乐部，右侧两层楼房是俱乐部主体建筑，左侧房屋是游泳池和其他附属用房(陈立群提供)

任经理，1923年自设哈沙得洋行从事建筑业，在上海留下了华安合群保险公司大楼(现金门大酒店)、海格公寓(现静安宾馆)、永安公司新厦等知名建筑。新建的哥伦比亚俱乐部较之杜美路原址大大扩充，主体建筑为两层，有图书馆、阅览室、儿童室、滚球处、室内球场二所，楼上有卧室十三间，可租与会员使用。俱乐部还有游泳池、更衣室、茶点室、厨房、网球场、花园以及宽阔的草坪，美国侨民们常在草坪上举办他们喜爱的曲棍球、棒球、足球等比赛。此外，俱乐部还有供佣工使用的宿舍以及订房会员专用的汽车间。总会最下层置有暖气锅炉二只，每到冬天，锅炉一开，俱乐部内暖意浓浓。游泳池的用水经过一个大过滤池的清洁过滤才会被专用水泵引入，这些设施在当时都属先进，很有高档会所的气派。

哥伦比亚俱乐部的正式会员资格仅对美国侨民开放，成员基本都是经商为业的上层侨民和领事馆官员，会员可偕同友人前往参加各类活动。俱乐部也招收英国、法国等其他国家在沪侨民参加，但这些人只能以非正式会员资格入会。俱乐部的管理层是由12~14名美国侨民组成的董事会，其中1人为董事长，另有4名董事分别担任副董事长、名誉秘书、名誉司库及名誉图书馆管理员，任期均为一年。董事会按月集会，讨论决定各项事宜。包括办公室工作人员在内，俱乐部全体员工约计60人。抗战胜利后，在上海的美国侨民大约5000多人，俱乐部的美籍正式会员和其他国籍的非正式会员约五六百人，可见俱乐部对于

哥伦比亚俱乐部设计师哈沙德

蕾文

1947年10月25日，哥伦比亚乡村俱乐部为召开董事会解决劳资纠纷事致函上海市社会局

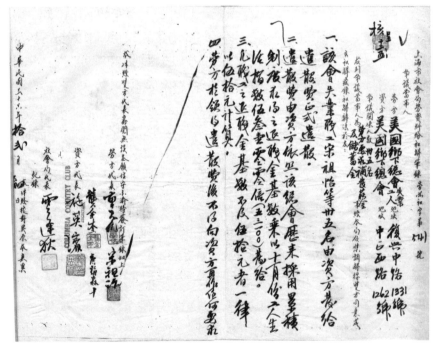

哥伦比亚乡村俱乐部劳资双方纠纷和解笔录(上、右)

本行投資調查

普益地產公司 Asia Realty Co.,

地址　上海南京路五十號　　　　　　　　　　廿三年十月

成立　民國十四年為美國勞斯安某名省地產聯合

會、資

資本　額定甲種普通股二百萬股每股一百元計二百萬元

　　　乙種普通股一百五十萬股每股二十元計三百萬元

　　　八種優先股一百五十萬股每股五十元計...

　　　八種優先股普通股一百五十七萬六千四百四十元

　　　乙種優先股每股一百元計...

　　　八種優先股一萬六千二百八十四十元

　　　六種優先股一萬六千三百萬一千八百四十元

　　　乙種優先股每股一百元計五百萬元

　　　其計額定二十一百萬元

實收資本　甲種普通股一百五十九萬元計四百元

　　　乙種普通股一百七十二百六千四百四十元

　　　八種優先股一百萬元

　　　六種優先股一萬六千三百萬二千元

　　　六種優先股一萬六千三百萬...

六種優先首次...九十三萬九千...萬為萬元。甲種...

第二次...三百萬七千三百四十二元六角六分

共四百十九萬六千四百九十三元三角一分

準備金　一百三十萬三千九百二十七元三角一分

董事長　Mr. J. Raven

經理　Mr. T.A.E...

簡史　該公司在民國三年時...型股股份著重銀

上海銀行抄件稿
1062

公司之支部、經營籌劃孫嶠精、里於民國

十一年始將樹一繳做名著重地產公司進

...得美國登記特許准許於...盧營業

起董事長振資...五十萬元為斷鴻主

立資本...貴灣進...建至房契借華人投

資股份經營數之十分之七外人份...

僅十分之三、委港...資產業公司上海廣益地

產...司始...該...司創辦..里有東方總理銀

行美丰銀行...與...該...司有巨

大關係...輔而所營業...與...上...業登長

多地

營業情形　該...司營業範圍甚大計資費房地產

及佐辦...職連業保途...

業務開辦彼以主持人之作經驗...富對於地

產市面有徹底之了解...列地產...發表

報銀有各團股...著...資黃不...地

納認為地產營業所...主要來源作為佐付地

價之...針全...盜替以可見股態本身

...五年時全年多至...二八厘營業順利

根...益國...將近上年資產表...況

如下

資產類　　　　　　　　　　負債類

上海銀行抄件稿
1062

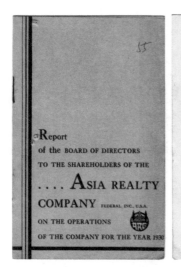

is more advantageous for the company and its security holders that the company should advance steadily in the direction of holding well-developed, income-producing, strategically located properties than to run up a heavy turnover at the expense of such holdings. This policy has been amply justified by the fact that during the latter part of the year it would have been to all intents and purposes impossible to replace the properties on which we received offers at prices equivalent to the offers received.

During the past year the company has initiated 71 land transactions, has worked on 95 and has closed 86. 14 land transactions have been carried forward into 1931. These figures include all transactions except those in which the company has acquired property for itself.

CAUSES OF EXPANSION: A study of the growth above outlined leads to a study of the causes or source of the growth.

These causes are found in diverse directions. The standing of the company and its reputation gained through eight years of satisfactory dealings with its friends—an easy money market in the city, which enabled the placing of over ¥3,000,000 in the form of first mortgage debentures secured by titles of some of the company's property lodged with The Yangtsze Insurance Association, Ltd., as Trustee—the issue of $998,420 in common

Page Four

to 143 members at the end of the year. Office space has been provided for the increased staff by the move made from our third floor offices down to the ground floor, in the same building, at the junction of Nanking and Szechuen Roads. The amount of space occupied has more than doubled by reason of additional staff. The new location, together with up-to-date office equipment installed, is proving of distinct advantage to the clients of the company as well as to the company itself.

INCREASED HOLDINGS: Your attention is particularly invited to a consideration of the increase in property held. The figures show approximately three and one half times as much property at the end of the year as was held at the beginning of the year. The acquisition of over ¥6,000,000 of property constituted in itself the major work of the year. In order to accomplish our debenture program it was necessary to limit our selling program, so far as our own estates were concerned, to the sale of those properties which were either vacant or inadequately developed. This fact resulted in the refusal of quite a few substantial offers for several of our properties, which offers, had they been accepted, would have produced in not gain more than the entire profit shown on our balance sheet. In declining to take this additional profit your Board of Directors was guided by the principle that it

Page Three

1930年普益地产公司董事会报告记载了当时公司扩张的情况

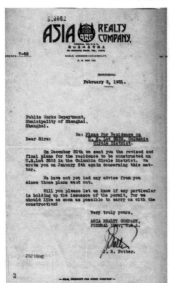

普益地产公司为开发哥伦比亚圈给
上海市工务局的函件

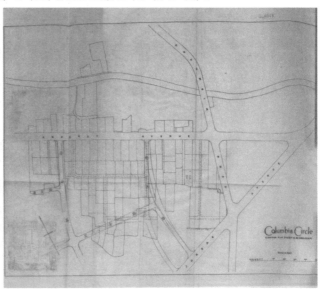

哥伦比亚圈示意图

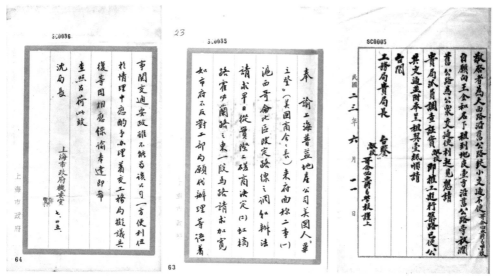

上海市政府机要室为哥伦比亚圈建设事给市工务局的便函，从中可以看到当时上海地方政权的种种无奈

哥伦比亚骑马学校要求自行放宽大西路致函上海市工务局

1957年上海市规划建筑管理局对生物制品所所址发展条件的比较意见

1959年上海生物制品研究所的改建报告中记载了解放初期租用美国乡下总会房屋改建生产大楼的情况

哥伦比亚图示意图

入会资格的限制还是比较严格的。俱乐部的日常收入，除了出租游泳池、网球场、滚球处与室内球场以及楼上卧室的租金，还有会员的捐助。

太平洋战争爆发后，日本与美国进入战争状态，上海的美国侨民都被关进了集中营，俱乐部自然也就遣散员工停止活动。被关押的美国侨民中包括当初俱乐部的设计者哈沙得，他在菲律宾马尼拉的日军圣托马斯集中营度过了两年，1943年被遣返回美国。到抗战胜利时，俱乐部一切家具、陶瓷器、刀叉等利器，厨房用具及装修设备均已散失殆尽，阅览室的木质地板也已全部拆除。在美商企业和会员的赞助下，俱乐部才恢复活

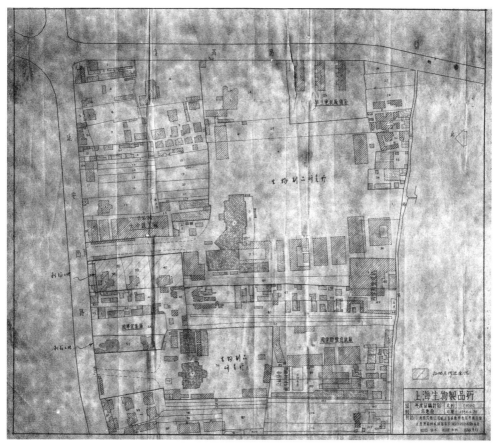

1960年上海生物制品研究所平面图

动。而此时大西路已经改成中正西路，俱乐部的门牌号也改成了中正西路1262号了。由于抗战期间遣散员工的费用没有结清，俱乐部又与原来的员工陷入劳资纠纷，后来在上海市政府社会局的调节下双方和解。

哥伦比亚乡村俱乐部东侧，与其一墙之隔的便是著名的孙科住宅了。这幢西班牙式建筑是1930年代初著名建筑师邬达克为孙科建造的。三层砖木混合结构的住宅，建筑面积1051平方米，大气的门廊，筒瓦铺设的屋顶，装饰考究的檐口，富于变化的各式窗框，简

1980年代上海生物制品研究所大门(长宁区地名办提供)

洁明快的外墙立面,使其既有巴洛克和意大利的风韵,又带有现代建筑的气派。建筑内部木装修做工考究精巧,楼梯用柚木制作,卧室、客厅、书房均采用柳安镶嵌成罗席纹地板,底层大平台和二楼大阳台可欣赏屋前典型的中国式庭园,周边绿化和中间大草坪,并布置带形弯曲水池,景色宜人。

孙科住宅,连同对面邬达克自住住宅,以及附近的一系列花园洋房,便是如今沪上另一个网红地标哥伦比亚圈了。说起哥伦比亚圈,就要涉及一个名叫蕾文(Frank J. Raven)的美国侨民。蕾文早年毕业于加利福尼亚大学,1904年1月来上海,进入公共租界工部局工务处任东北区工务监督,不久后从工部局离职,自己开办公司。

哥伦比亚乡村俱乐部(李圣恺提供)

蕾文的人生轨迹与沪上知名侨民哈同颇有相似之处，两人都曾在工部局工务处任职，后又都离职自办公司。两人的"创业"之路也非常相似，都靠房地产投机获利。1907年，蕾文脱离工部局自组中国营业公司并任经理，他利用在工部局工作时获得的有关道路扩展的信息进行地产投机，掘得了在上海的"第一桶金"。1915年，蕾文在上海设立普益信托公司，1917年又开设美丰银行，并在福州、天津及厦设立门分行。1922年，蕾文通过普益信托公司与四川商人合资开设四川美丰银行，不久又将自己在该银行的股份转让给中资股东套现。1924年，蕾文组建了美东银公司，1926年又组建普益地产公司并任这几个公司的董事长，在上海这个"冒险家的乐园"翻云覆雨，形成名噪一时的蕾文企业集团。普益地产公司每年发布的上海地产报告，被视为上海房地产行业的"风向标"，具有极强的导向作用。此外，蕾文还担任公济医院、科发药房副董事长，美亚保险公司和友邦保险公司董事等职。在一般人看来，蕾文是成功的企业家，"为沪地外侨中之领袖，信用颇好"。

1930年，普益地产公司开始着手在上海西区开发哥伦比亚圈住宅项目。哥伦比亚圈坐

孙科住宅侧面(陈立群摄于1990年代末)

落于哥伦比亚路(今番禺路)和安和寺路(今新华路)交叉口附近，它由一系列各具特色的花园别墅组成，设计者是当时已然小有名气的邬达克。这些花园别墅有著名建筑师加持，再加上周边幽静的田园风光，公司十分看好它的销售前景。为此普益地产扩大了办公场所、添置了新的办公设备，人员更是从前一年的51人一下子增加至143人，大有放手一搏的架势。

　　哥伦比亚圈建于公共租界的越界筑路地区，法理上这片区域的各项主权在中国手中。在建设过程中，哥伦比亚圈内房屋建造与民国上海市政府原有的道路规划发生了冲突，公司多次向上海市工务局提出交涉均未得要领。为了哥伦比亚圈项目已然投下巨大赌注的普益公司眼见自身利益将要受损，便多方活动，疏通关系。美国驻上海总领事克宁翰多次致函上海市政府为普益公司"站台"，上海美国商会会长毕立登亲自到市政府游说"公关"。而着眼于自身势力在越界筑路地区扩张的公共租界工部局也乘势提出愿意"代"上海市政府拓宽霍必兰路(今古北路)以东的虹桥路的要求。面对美国领事馆、租界当局和美国商会在哥伦比亚圈项目的巨大压力，民国上海市政府一方面既无力抵挡，另一方面也无力在短

乡村俱乐部(陈立群摄于1990年代末)

期内实施既有规划，虽然明知"事关交通要政""不能为该公司一方便利"，但也只能"于
情理中应酌予办理"，默许了哥伦比亚圈的建设。事实证明，普益地产公司在房地产开发
上确实眼光独到老辣，哥伦比亚圈建成后，在沪外国人趋势若鹜，很快便销售一空。

　　1931年，蕾文当选为公共租界工部局董事会董事，以当年一个小职员的身份重回工部
局还担任董事，可谓风光一时。然而好景不长，1935年，蕾文因过度投机而破产，并被美
国在华法院判刑。虽然，蕾文自身的结局并不美妙，但上海西区确确实实出现了一个"哥
伦比亚生活圈"，从最早落户于此的哥伦比亚乡村俱乐部，到以哥伦比亚命名的马路，再
到名为哥伦比亚圈的高档花园洋房群，甚至还有以哥伦比亚为名的骑马学校。

　　解放后，哥伦比亚乡村俱乐部及其东侧的孙科住宅由华东人民制药公司使用。华东人
民制药公司将原来所属的生物制品厂迁到此处，更名为生物制品实验所，下设总务室、会
计室、疫苗室、血清室、病毒室、卡介苗室、鉴定室、培养基室、分装包装室和动物管理
组，孙科住宅成为行政办公楼，俱乐部则成为实验室和生产车间。生物制品实验所的名称

修葺后的哥伦比亚乡村俱乐部北侧立面(张新摄)　　　修葺一新的游泳池(张新摄)

和隶属关系几经变化，最终定名为上海生物制品研究所。

　　上世纪五十年代，随着新中国卫生事业的快速发展，生物制品所生产的各类疫苗供不应求，而研究所"办公室及研究用房系以花园住宅改用，并不适合"，同时，以俱乐部等改建的车间，对生产同样不太适合，急需进行改扩建，扩大科研和生产规模。当时生物制品所已经在延安西路1262号本所周边征租了一些土地房屋，并在中山西路伊犁路建立了分所。经过多方论证比较，最终决定建设重点依然放在延安西路本所。1963年，生物制品研究所8层生产大楼在延安西路所址内的空地上开工建设，1965年投入使用，科研生产条件大大改善。或许，是因为原来的老建筑实在不太适合改造的缘故，无论是哥伦比亚乡村俱乐部、孙科住宅，还是游泳池，都基本保存完好。

　　转眼进入了新世纪。上海生物制品研究所不断发展壮大，已经成为国内规模大，集生

上生·新所(原健身房楼上)(张新摄)　　　　　　上生·新所(张新摄)

物制品研发、生产、销售为一体的大型高新生物技术企业之一，主体生产研发部门也搬迁到了奉贤。2003年，上生所参照历史资料对孙科住宅进行了一次修旧如旧的大规模维修。为了复原老洋房旧貌，从边上的哥伦比亚乡村俱乐部拆下了旧筒瓦盖到孙科住宅上，又从苏州专门订制同样的筒瓦添补到俱乐部的屋顶上。

　　厂区迁走了，那些富有历史底蕴的建筑该如何保持生命力呢？在长宁区政府的牵线下，上生所和万科集团联手，请来了世界知名的OMA设计事务所对老厂区进行保护性开发。地块上的历史建筑连同原来的绿植都被悉心保存下来，异域风情的餐饮、独立书店和新派办公场所纷纷入驻，这里也成为众多时尚品牌的新品首发和展览展示场所。走进这里，既可以寻觅到老上海的历史踪迹，也可以领略上海国际大都市的时尚气息。从这里出发，沿着番禺路还能徜徉于老洋房间，追寻邬达克在上海的建筑遗存，感受上海的沧桑巨变。正如同上生·新所的广告语：在上海的中心遇见心中的上海。

(张　新)

"万体馆"里的上海记忆

上海徐家汇南部，有一座圆形建筑，它西临漕溪北路，北靠零陵路，南接中山南二路，这就是上海市民熟悉的"万体馆"。"万体馆"的正式名称是上海体育馆，因可容纳过万名观众，所以有了"万体馆"这个俗称。"万体馆"筹建于1950年代末，历经曲折，终于1975年建成。它是当时全国规模最大的现代化综合体育馆之一，不仅是重大体育赛事，许多重要的政治、文化活动也在那里举行，一度也是上海重要的地标性建筑。

解放初期，上海的体育场馆特别是室内场馆奇缺，市中心区域只有市体育俱乐部、市体育宫和市立体育馆等寥寥几处。其中市体育俱乐部坐落在南京西路150号，前身是始建于1928年的原西侨青年会体育馆。市体育宫(现上海大剧院处)位于人民广场，由原跑马厅部分建筑改建而来，历史更为久远。市立体育馆(现巴黎春天淮海店)坐落于淮海中路陕西南路口，虽然号称"市立"，其实也是由原法租界的回力球场改建而来，仅能容纳三千名观众。这些场馆大都设施老旧，规模偏小。规模稍大的江湾体育馆建于1935年，虽能容纳35000名

俗称"万体馆"的上海体育馆(《解放日报》提供)

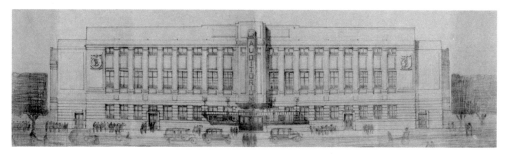
位于陕西南路淮海路口的上海市立体育馆(原回力球场)立面图

观众，又有1500个立位，但同样规模偏小，又地处东北市郊，交通不便。这些体育场馆已远远不能适应1949年后蓬勃发展的专业体育比赛训练和市民群众体育锻炼的需要。

　　1958年，第一届全国运动会在北京举办，全国上下掀起了一股"体育热"，上海也开始计划新建一个容纳一万人的体育馆和一个三千人的游泳馆，这就是"万体馆"建设的由来。至于"万体馆"选择在哪里建造，一开始就费周折。最初，"万体馆"计划建在江宁区(今静安区一部分)的胶州公园范围内，因场地狭小，不能容纳两处建筑而作罢。同时，在中心城区南部肇嘉浜路沿线的清真公墓及市第一医学院(今复旦大学上海医学院)发展预留土地上选择"万体馆"建设地点的方案也在考察之中。随后，人民广场也列入了考察范围，其理由是"体育馆系一大型现代化建筑，建筑在市中心区，可以壮观市容"，也可以和现有的广场检阅台等结合起来，方便举行群众集会以及大型文艺表演。但因种种原因，这些地块最终都没有入选。

　　在中共上海市委指定由市建委开展的后续选址考察中，市建委确定了"地区适中，交通、集散方便；与居民区有一定间距，减少噪音；结合城市发展远景，保留扩建余地"的原则。据此，市建委又曾提出了四个比选方案：一是在延安西路北面，天山新村南面，仙霞路与古北路之间；二是在人民广场附近；三是在沪闵路漕溪公园东部；四是在大华农场以北地区。后又经反复比较，中山西路漕溪北路转角处进入了决策者的视野。此处因具有"地处市区边缘，交通便利，有中山环路、漕溪路、天钥桥路、斜土路联系市区，有宜山路、龙吴路、沪闵路连接近郊工业区和卫星城镇，可解决大量人流集散；可利用空地面积

1950年代在江湾体育馆举办的乒乓球表演赛

1957年上海市队和港澳队在市体育宫的乒乓球比赛成绩记录，当时风华正茂的徐寅生代表上海队出战客国团，以0:3告负

1958年底，市体委关于在人民广场建设"万体馆"的报告

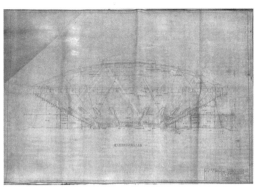

在上海市城市建设局关于万人体育馆的选址报告中，中山西路漕溪路转角列为第一方案

上海市人民委员会关于"万体馆"建设的文件

1960年代"万体馆"的飞碟状设计图纸

约20公顷，房屋拆迁量仅约4000平方米；附近有电力、煤气、自来水等供应设施；体育馆建成后，可与规划的铁路南站形成建筑群，丰富漕溪路的建筑面貌"的突出优势，在多个选址方案中脱颖而出。

值得一提的是，当年"万体馆"选址时，延安西路番禺路口的上海生物制品研究所也曾是备选用地。最终选择在漕溪路中山西路建造"万体馆"，使得生物制品研究所使用的哥伦比亚乡村俱乐部和孙科住宅"阴差阳错"得以保留。假如当年选择在生物制品研究所建造"万体馆"，就没有今天的"网红"打卡地上生·新所了。

随着选址问题的解决，1959年9月18日，上海市人民委员会正式向国家计划委员会递交了建造"万人体育馆"的请示："(一)为了适应体育事业蓬勃开展，同意建造能容纳1万观众的体育馆，投资总额控制在325万元以内。(二)由于该项工程设计等准备工作所需时间较长，同意在年内做好施工前各项准备工作，并列入1960年基本建设计划。"1960年1月，国家计划委员会批复上海市人民委员会，同意体育馆按容纳观众1万人进行设计，在设计时要兼顾群众集会和马戏、杂技和音乐舞蹈等文艺演出的使用要求。

同年，"万体馆"开工建设。当时，这片区域还属于上海县龙华人民公社的范围。按照规划，以"万体馆"为核心，周边区域将成为一个优秀运动员的训练基地，还要建设游

"万体馆"屋面提升(上海机施公司提供)

泳池和可以容纳500名运动员生活使用的大楼。但因正逢"三年自然灾害",国家财力紧张,这座外观形似"飞碟",颇具现代感的建筑开工不久即告停顿,征用土地也重新种上了蔬菜。

"万体馆"建设一停就是10多年。1971年,中国恢复了在联合国的合法席位,对外交往日益频繁,上海的国际体育活动交往日益增多,原有体育场馆远不能适应国际比赛需要的矛盾日益突出。1971年和1972年,上海分别承办了30多个国家和地区参加的亚非乒乓球邀请赛和亚洲乒乓球邀请赛,由于场馆有限而又规模偏小,主办方只好采取增加场次,上午、下午、晚上都安排比赛的方法来解决,新建一个高标准的体育场馆迫在眉睫。1972年9月,搁置多年的万人体育馆建设再次被提上议事日程。

鉴于漕溪路中山西路原"万体馆"建馆选址地形比较完整,可供合理布置;周围道路宽敞,已有42、43、56、沪闵线、龙吴线等公交车,交通便利,人流易于集散;虽然地处稍偏西南,但也可与江湾的体育场馆南北相对,从全市体育场馆分布看,总体上布局比较合理。"同时,1960年时,已征土地一百三十八亩……故可少征少迁。施工便道和地下管道已基本搞好,仍可利用。"出于以上多重考虑,1972年12月,经当时市委常委会讨论,确定在漕溪路原址建造体育馆,"规模仍为一万五千人,馆型选用圆形体。比赛场地为椭圆形,屋盖采用网架结构"。上海建造"万体馆"的请示上报后,中央高度重视,毛主席提出了"精心设计"的要求,周恩来总理也指示要由计委提供专用材料,限期完成。设计到现场去,北京长处要学,短处要去掉,并且还要批判地吸收外国先进经验,并努力超过。

关于"万体馆"的规模还有一个小插曲,鉴于当时我国国际体育赛事日益增多,且规模越来越大,国家体委的同志曾希望上海新建场馆观众容量能超过北京已经建成的分别可容纳1.8万名观众的首都体育馆和可容纳1.5万名观众的北京工人体育馆,使观众容量达到2万~2.5万人,但经综合考虑,上海的场馆观众容量最终确定为1.8万人。

建成初的"万体馆"(《解放日报》提供)

恢复"万体馆"建设的有关文件

1972年12月,中共上海市委常委会同意建设"万体馆"的抄告单

有关国家体委对上海"万体馆"规模的意见及上海考虑的档案

"万体馆"建成初使用的各类证件

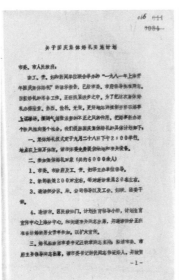

1981年国庆前夕"万体馆"举办集体婚礼的有关文件

1983年，市针织品工业公司参加在"万体馆"举办的订货会的档案

至于圆形馆体的选择，虽然有方向性较差、底层房间不够方整、音响处理困难等缺点，但从观众视觉、竞技条件、人流集散、建筑造型、节约投资等方面综合考量仍是比较合适的选择。体育馆中心场地呈椭圆形，能适应国际性篮球、排球、乒乓球、羽毛球、手球、体操、举重等比赛，还考虑到举行政治集会，杂技和群众性歌舞演出等的需求。在建筑外观上，比赛馆内部采用横向挑檐与竖向分格相结合的形式处理，匀称有力，垂直挺拔，给人以美观、大放、简洁、明快的感觉。

1973年春，"万体馆"重新开工建设。体育馆建设是一项系统工程，除了土建、周边道路拓宽和动拆迁以外，还涉及家具、灯光音响、运动器材、记分计时和通信设备等许多方面。为把"万体馆"建设好，上海在国家支持下，几乎动员了全市各方面力量。档案记载，光是为了确定场馆装修材质和色彩，1974年5月底到6月中旬就开了不下6次专题会议。同年，第七届亚运会在伊朗德黑兰举行，"万体馆"1:200建筑模型还在同期举办的体育建筑展览上展出。

1993年，第一届东亚运动会在上海举行，这是在"万体馆"举行的运动会闭幕式

1999年11月，日本流行乐组合"恰克与飞鸟"在上海大舞台开唱

1990年代中期"万体馆"鸟瞰，不远处的上海体育场正在建设中

2003年10月，爱尔兰国宝级舞蹈"大河之舞"在上海大舞台上演

　　1975年，"万体馆"正式建成投入使用。据统计，自1976年初到1977年8月，"万体馆"共举办体育赛事80场，其中有国际女子友好篮球邀请赛、国际乒乓球友好邀请赛等国际赛事，以及全国体操分区竞赛、全国乒乓球竞赛等国内赛事。然而，"万体馆"毕竟是在一个特殊时期建设的项目。从1970年代恢复建设开始，工程造价从最初的900多万元增加到1200多万元，1973年又增加到2000多万元。当年11月，负责建设工程项目信贷的建设银行上海分行分析了"万体馆"的超预算情况，指出"万体馆"在建设过程中存在"只要搞得好，钞票不要管"的思想，不讲究经济合理性。比如，食堂的基础建筑费用比练习馆的基础建筑费用还要高，运动员休息室贴面砖超出预算10万元……并估计还要大大超出最初预算。而对于如何管理这样的现代化场馆，有关方面也没有经验，通风设备不常开启，导致落成后没有几年就出现"墙面凝水严重，练习馆木地板受潮翘起，贵宾室壁上国画大片霉点"的情况。通过边学习边使用边维护，终于使场馆得以正常运行。

　　1983年，第五届全运会在上海举行，"万体馆"承担了重要比赛任务。此前，上海在

第48届世界乒乓球锦标赛期间的上海大舞台内景(《解放日报》提供)

"万体馆"西侧建设了上海游泳馆，全运会的游泳、跳水、水球比赛在此举行。1984年10月13日~24日，第十届亚洲女子篮球锦标赛在"万体馆"举行，来自印度、日本、韩国、马来西亚、中国澳门、菲律宾、新加坡、斯里兰卡、中国、中国香港等10个国家和地区的球队参赛。这是新中国成立以来，我国首次举办，也是上海和"万体馆"首次承办的洲际锦标赛事。1988年，"万体馆"南侧又建设了以体育为主要元素的奥林匹克俱乐部，一个综合性的体育活动中心初具规模。1993年，第一届东亚运动会的体操比赛和闭幕式均在此举行。

"万体馆"在设计时就考虑了除体育赛事以外的其他演出、会议功能,建成后，许多文艺演出和群众性集会也在此举行。1979年，"万体馆"职工根据一些专业文艺院团建议，自己动手搭建了可拆卸的临时活动舞台，在赛事之余出借给这些团体进行文艺演出，以充分利用体育馆场地，丰富人民文体生活，增加收入。1981年国庆前夕，市总工会、团市委、市妇联、解放日报、文汇报、上海人民广播电台、上海电视台在这里还联合举办过一场盛大的集体婚礼，200对新人在管弦乐队、民族乐队齐奏的"花好月圆"音乐声中喜结良缘，孙道临、姚慕双、周柏春、黄永生、祝希娟、梁波罗、郭凯敏、赵静等一众文艺界明星到场祝贺并献演节目，轰动上海滩。

随着改革开放的深入，上海经济社会不断发展，各类体育设施也日益增多。1997年，第八届全国运动会在上海举行，上海又兴建了一批体育比赛场馆，离"万体馆"不远处，一座可容纳8万名观众的上海体育场拔地而起。八运会后，"万体馆"改成了上海大舞台，在保留体育赛事功能的同时，更多地成为一个文艺演出场所，投入使用20多年后，"万体馆"迎来了一次"华丽的转身"。

成为上海大舞台后，这里举办过上海市庆祝建国50周年文艺晚会、"金舞银饰"大型服饰舞蹈晚会、迪士尼"白雪公主和七个小矮人"冰上芭蕾、保尔·莫里亚乐队轻音乐会等经典文艺演出，更多的则是众多欧美、日韩、港台和内地流行歌星的演唱会。每逢大舞台有"重量级"歌星登台，或是附近的上海体育场有重大赛事，这片区域就会人山人海，周边路面交通阻塞，地铁客流激增，主办方都会出动大批安保人员维持秩序，一时间成为沪上一道著名的风景。

虽然不再是举办体育赛事的专门场馆，但上海大舞台依然承接了不少重要赛事。2005年，这里就是第48届世界乒乓球锦标赛的主会场。随着全民健身热的兴起，周边居民也都习惯来这里健身。前些年，大舞台大台阶上的环形廊道铺设了塑胶跑道，来此锻炼的市民也越来越多。

2017年，运营近20年的上海大舞台闭门谢客，这座建筑将重新恢复改建为上海体育馆，成为徐家汇体育公园的重要组成部分。通过软硬件设施的改造，体育馆的功能将大大提升，满足乒乓球、羽毛球、篮球、排球、斯诺克等赛事要求，还将创造条件引进拳击、自由搏击、电子竞技等具有娱乐性、观赏性的体育赛事。不久，这座承载着上海城市历史和市民生活人丰富记忆的建筑将以全新面貌展现在世人面前。

（张 新）

南浦大桥
——上海市区第一座黄浦江大桥

1920年代，外滩已一派繁华，而对岸的浦东却并无如此景象，这种情况要延续好多年

黄浦江——上海的母亲河，千百年来，她滋养春申大地、哺育两岸人民，成为上海城市文明的摇篮。如今黄浦江两岸交通快捷便利，一座座跨江大桥、一条条越江隧道连接起浦东浦西，极大方便了两岸人民。

可是，就在距今不远的30年前，对于上海人来说，悠悠浦江还是条"天堑"，长期阻隔了两岸的往来。上海城区浦东、浦西之间的交通仅靠摆渡，一旦遇到大雾天，轮渡全线停航，人们只有望江兴叹。也难怪那时的上海人，宁要浦西一张床，也不要浦东一间房。

其实早在清朝末年，上海人就梦想着能在黄浦江上架起桥梁，把"天堑"变成坦途。宣统二年，青浦人陆士谔在他的小说《新中国》中畅想道："宣统二十年，万国博览会在浦东举办，黄浦滩已建成了浦江大铁桥。"在黄浦江上建桥，不仅仅是小说家的梦想，几代上海人和造桥工程师们都为之付出过努力。档案记载，1930年年底，上海商民代表姚季重、许庆文等人就曾呈请"投资建筑上海黄浦江董家渡铁，以利浦东交通而图商业发展"。

1945年抗战胜利后，国民党上海市政府也曾有意开启黄浦江越江工程的建设，并设立了越江工程委员会，著名桥梁专家茅以升、赵祖康等都参与其中。三年多的规划时间，三种越江方案的设计，然而，在积贫积弱的旧中国，造桥的美好愿景，终究是南柯一梦而已。直到改革开放以后，在黄浦江上建桥，联通上海城区浦江两岸的梦想才变成现实。

1979年，改革开放刚刚起步，日益复苏的经济使浦江两岸物资人员交往越来越密切。当时，"浦江两岸的人流，主要是通过十二处客运渡口进行交通，每日客流量为46万人次，

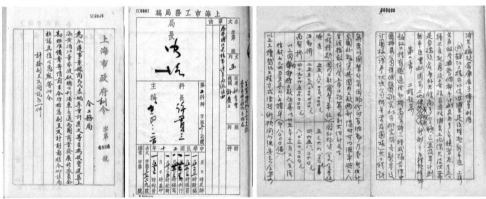

1931年，上海市政府关于市民姚季重等人呈请在黄浦江董家渡一带建造越江大桥一事的档案

当年的越江工程，已经有了建造大桥、隧道和高架浮桥三种设想

赵祖康、茅以升等都曾被聘为上海越江工程委员会技术顾问

著名桥梁专家茅以升在抗战后有关上海建设黄浦江大桥的亲笔信函

1946年绘制的黄浦江越江工程地位概图，上面标明了四处越江工程的选择地点，其中第三处就是后来建设南浦大桥的位置

而苏州河口以南的六处渡口则占总客运量的70%"。

每到大雾天，所有轮渡全部停航，当时一艘普通渡轮最多装载500人，但是岸上往往有几千上万人在等待，人流、车流在轮渡口大量聚集，一到雾散，大家都急着、抢着上船过江，造成拥挤和极大的安全隐患。仅靠对江轮渡和一条隧道的浦江两岸交通已远不能适应上海发展的需要。两岸间的交通阻塞状况也严重影响了上海国民经济和人民生活的发展和改善。建造黄浦江大桥已迫在眉睫。于是，在上海中心城区建设越江大桥再次被提上议事日程。

这一年5月，市建委发出了《关于对黄浦江

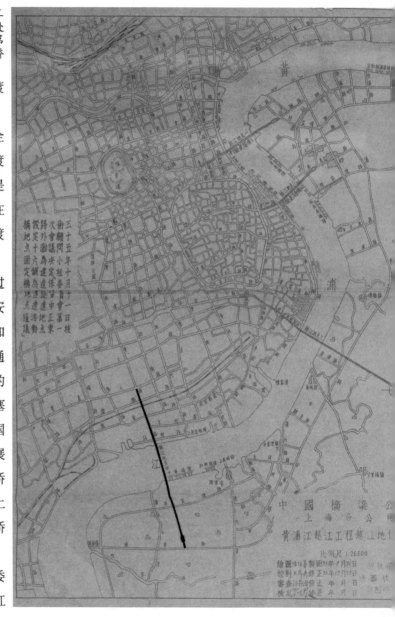

满载的轮渡船

建桥问题进行调研并提出方案的通知》，由市城建局牵头市规划局、市政工程设计院、同济大学、市科协等数十家单位开展黄浦江建桥问题的立项准备，着手对桥位选择、桥梁设计、技术标准、引桥设计方案等进行多方案研究。南码头地区有如下综合优势而成为建桥位置的首选："(1)从道路系统来看，浦西可接通陆家浜路和中山环路等主要干道，浦东可接上杨高路、浦东大道，有利于本市外环道路的形成。(2)结合浦东地区的初步规划，桥位靠近浦东规划区的中心地带，对浦西来说，则避开了闹市中心。(3)黄浦江在南码头处江面较窄，约为330～350米，有利于桥梁一跨而过。(4)拆迁量和配套工程相对要少。"

　　1983年10月，市政工程设计院正式提出了"黄浦江大桥可行性研究报告"。经反复论证调研，最终在1986年7月4日，上海市政府正式向国务院递交了建设黄浦江大桥的请示，当年8月，国务院批复同意上海的建桥申请。在认真调查研究，广泛听取意见，做好建设

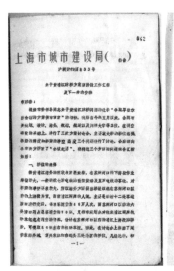

1979年上海市城建局在给市建委的文件中指出浦江两岸人流现状

1979年上海市城建局在给市建委"关于黄浦江建桥方案阶段性工作汇报及下一步的安排"中指出了在南码头地区建桥的优势

方案技术经济论证的基础上，结合上海的地质条件，最终确定了选址浦西南码头地区建造斜拉桥的方案，因为大桥一边在浦东，一边在南市，就将这座越江大桥定名为"南浦大桥"。1988年8月，国务院批准上海的建设方案，同年12月15日，南浦大桥正式开工建设。

南浦大桥是当时上海中心城区第一座越江大桥，各方面都高度重视。据当时担任市政府秘书长的钱学中回忆，时任上海市市长江泽民就曾指出，要把黄浦江大桥建成上海城市一个新的标志，并提出造型设计要新颖的要求。然而，造桥所需巨额资金从哪里来？考虑到当时各方面情况，上海在自筹部分资金的同时，开创性地引进了亚洲开发银行的贷款资金。有资料显示，南浦大桥由亚洲开发银行贷款金额7500万美元，从商业渠道联合融资4800万美元，这也是亚洲开发银行在中国开展的第一个联合融资项目。

南浦大桥的开创性还体现在建桥技术上。一是大桥跨径超过400米，上海缺少实际经验；二是国产大桥拉索与国际水平还相去甚远；三是上海的软土地基也为造桥带来不小困难。这些大大小小的难题，都摆在了大桥总设计师，上海市政工程设计院总工程师林元培面前。虽然他在1985年设计上海新客站恒丰北路斜拉桥时，就对解决拉索和软土地基打深桩的两个难点

建设中的南浦大桥

做了初步探索，又在1987年设计重庆嘉陵江石门大桥时，攻克了大跨径难点。然而，建造如此体量的跨江大桥，依然是巨大的挑战。

南浦大桥主桥桥面是采用叠合梁桥技术建造的。桥面下一层用大型"工字钢"制成框架，上一层是钢筋混凝土桥面板，钢框架与桥面板用电焊焊接，结合处再浇上混凝土，使两者联成一体。这种桥面和钢框架共同受力的新型叠合梁结构在我国还是第一次采用。为了解决叠合梁桥技术关键，林元培在有关资料来源极为有限的情况下，前往加拿大同类型的安娜西斯桥实地考察。安娜西斯桥主跨度为465米，是当时世界第一叠合梁斜拉桥，但安娜西斯桥建成不久就出现了许多裂缝。林元培把大桥上出现的100多条裂缝全部拍摄下来回国仔细研究，针对不同的裂缝种类逐一琢磨，提出了四类化解办法并将其应用到了大桥设计中。按照他设计的新方法施工，大桥经过36辆30吨载重卡车的荷载试验和实际运行，没有见到丝毫裂缝的踪影。如今大桥已经运行了近30年，未曾出现一条结构性裂缝。

南浦大桥从开始建设起，就受到各方关注。这是1990年5月参加华东地区人大财经工作会议代表参观大桥建设工程

这一应用开创了我国建桥史上的先河，也是世界建桥史上的创举。

南浦大桥建设的另一位关键人物是上海城市建设战线上的知名老将朱志豪。1987年7月，朱志豪受命黄浦江大桥工程建设指挥部总指挥。他日夜奋战、食不甘味、病不安席，不管刮风下雨、严寒酷暑，总是奔忙在现场，协调施工单位，很多问题就地直接解决。当大桥主塔桩出现使用钻孔灌泾桩和使用钢管桩不同意见时，朱志豪做了大量调查研究工作，他翻遍大桥工程的所有设计资料，细心琢磨市内已建桥梁的结构特点，根据上海土层松软，泥中夹沙的地质特点，果断决策使用钢管桩。事实证明，使用钢管桩完全符合设计要求，也确保了工程如期完成。

正当大桥紧张施工时，朱志豪却被抬进了医院病房，因确诊胃癌，手术切除了胃部近

南浦大桥浦西建筑工地(黄浦区档案馆提供)

四分之三！可是他，为了缩短住院化疗周期，向医院提出将每次注射4毫克的化疗药改为注射6毫克，这种化疗药物一般人用4毫克已经对身体造成损伤，6毫克已是极限量了，当时已58岁的朱志豪心心念念大桥工程，靠着顽强的意志力就这样硬挺了过来，使整个治疗过程缩短了三分之一。就是在迫不得已的住院期间，病房也成了他的第二办公室，医护人员看到他经常一只手拖着长长的输液管，另一只手听电话、批阅文件或草拟各种报告等。

正是靠着那股敢跟全球顶级水平对话的志气、强烈渴望建功立业的心气、敢于攀登高

峰直面未知难题的勇气、艰苦奋斗忘我工作的朝气，7000余名工人、干部、工程技术人员推广应用了41项新材料、新技术、新工艺，解决了结构造型、用料造价、裂缝化解、钢结构构件工作应力水平等一系列重大难题。1991年2月18日，改革开放总设计师邓小平视察上海，为即将建成的大桥亲笔写下"南浦大桥"四个大字。6月20日，南浦大桥铺上了最后一块桥面板。12月1日，历时3年建设，这座上海市区第一座跨黄浦江大桥建成通车。

建成后的南浦大桥一跨飞跃黄浦江，全长8.5公里，主桥总宽度30.35米，设六车道，主

南浦大桥浦西主引桥大体量大跨度曲线箱梁吊装工程(上海机施公司提供)

跨423米，跨度之大为当时全国之最。大桥通航净空高度为46米，桥下可通行5.5万吨级巨轮。在国家计委、建设部组织的验收中，桥梁工程质量合格率为100%。在建筑造型、工程质量、技术水平、建设周期、运行控制、经济效益和社会效益等方面，综合反映出该工程已达到当时的国际先进水平。时任国务院总理李鹏评价南浦大桥工程体现了"上海的水平、上海的精神、上海的速度、上海的效率"。上海人终于圆了"一桥飞架黄浦江"的梦想。

南浦大桥建成后，它两侧螺旋式引桥盘旋而上的"盘龙昂首"姿态以其独特的造型成为上海一个新的标志景观，引来无数市民驻足观

南浦大桥第一根250吨箱梁吊装(上海机施公司提供)

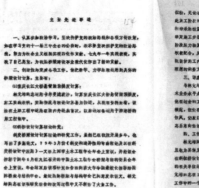
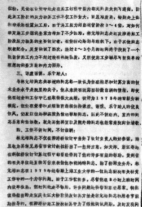

林元培荣获1979年度上海市劳动模范时的事迹介绍

当时上海《解放日报》以"中国人，要敢于争世界第一"为题介绍林元培的先进事迹

南浦大桥总设计师林元培(《解放日报》提供)

望。当时民间有传言，说是当初设计者困惑于在浦西这么密集的工业和住宅区域中，该如何建造跨江大桥，是一个学生建议用打圈的方式建造才使这个难题迎刃而解。而根据档案记载，早在建设越江大桥被提上议事日程之初的1979年，上海铁道学院工程系桥隧教研组

即将合拢的南浦大桥鸟瞰(1991.6)

工作中的朱志豪

朱志豪(左起第三人)向市人大代表介绍大桥建设情况

陆广间关于采用螺旋式引桥和斜拉式正桥建设黄浦江大桥的建议

的陆广间就在当年2月6日的《科技工作者建议》刊发的文章中建议"采用螺旋式引桥和斜拉式正桥建设市区黄浦江大桥"。他提出:"江面要航行大轮船,要求很高的净空,引桥很长,这就要拆迁很多房屋,这在市区困难很大。而采用螺旋上升的引桥,可以得到很高的净空和大的跨径,占地面积小,利用效率高,维修费用少,加之造型新颖美观,可作为外滩一景。"

　　南浦大桥的建成大大缓解了困扰上海已久的过江交通压力,坐车过江只需7分钟!而坐轮渡过江,即使不算上等候时间,单航次也要10~15分钟,可以说极大方便了两岸往来。更为重要的是,它为方兴未艾的浦东开发开放提供了强劲动力。就在南浦大桥建设过程中,1990年4月,党中央、国务院宣布开发开放浦东。作为连接浦江两岸的重要枢纽,南浦大桥的重要性绝不仅仅在于"第一"的头衔,还在于它奏响了浦东开发的序曲。

　　1991年4月,杨浦大桥动工兴建,设计施工人员基本上就是南浦大桥的原班人马。经过南浦大桥建设的洗礼,上海桥梁施工团队和技术团队在技术管理、施工管理和实际操作方面都得到了锻炼,效率大大提高。仅仅用了2年5个月,1993年9月,大桥比预定时间提前100天建成。杨浦大桥继续使用亚洲开发银行贷款和联合融资,分别达8500万美元和7900万美元。在造桥技术上也有新的进步,杨浦大桥跨度长达602米,是当时世界第一跨度的斜拉桥,还首次在拉索上安装高阻感减震器。

螺旋式上升的南浦大桥浦西(左)、浦东段引桥

　　从浦东开发开放，到南浦大桥建成，再到杨浦大桥建成，短短三年间，共有近800家外资企业，1400多家内资企业在浦东落户，各项基本建设搞得热火朝天，一大批企业已建成投产，整个浦东开发区国内生产总值的增长率均高于全市平均水平。

　　1995年10月，奉浦大桥仅用了1年7个月建成通车。这是上海市第一座采用国内集资形式筹措资金建设的黄浦江大桥。因施工质量优异，奉浦大桥荣获了国家建筑最高奖——鲁班奖。

　　1997年6月，徐浦大桥建成通车。建设所需6万余吨钢材，全部采用了宝钢集团生产和轧制的板材、线材，首次开创了在重大桥梁建设中钢材国产化的新局面。徐浦大桥也是我国首次建造的大跨径钢梁混凝土板叠合梁——钢筋混凝土梁混结构的斜拉桥。

　　短短几年，先后有四座大桥横跨黄浦江，上海人彻底摆脱了只能依靠排队坐轮渡摆渡

建成后的
南浦大桥

参加上海儿
国际少艺术
文化各国参
节的国友大
小朋观南浦
桥(1994)

浦东开发开放初期，陆家嘴一派繁忙的建设景象

浦东开发开放初期，外商考察浦东投资环境

过江的窘迫状况。大桥把浦西浦东完全连起来了，上海经济发展也摆脱了一大掣肘，上海中心城区得以"东进"浦东，在空间上获得了大片土地，解决了浦西老城区住房困难，很多跨国公司到浦东投资，直接拉动了浦东地区的工业、金融，乃至国际航空与国际水运的发展，浦东真正成为开发开放的"热土"，为上海在1990

奉浦大桥

1985年1月，上海社会科学院拟邀请日本"上海国际博览会可行性调查团"访沪，汪道涵、倪天增等市领导批示，要求将举办国际博览会和建设黄浦江大桥结合起来。

年代服务业腾飞奠定了坚实的基础。这一切，都离不开南浦大桥的首创之功。

然而，上海这座城市对南浦大桥的期许还不仅在此。在考虑大桥选址方案的同时，由市领导及有关委办负责人组成的领导小组和30余位专家、教授组成的专家组，已经在规划着这么一盘"大棋"：据档案记载，当时的市领导已经认识到世博会对经济、内外贸易、城市建设带来的积极影响，认为在上海举办世博会很值得考虑，并已经有了在虹桥开发区或拟议中的南码头黄浦江大桥(即南浦大桥)浦东一头举办世博会的构想。上海还设立了由李肇基、倪天增两位副市长以及老市长汪道涵负责主管，市计委、市外经贸委、市建委等主要负责人参加的领导小组，统一领导协调黄浦江大桥、国际博览会、浦东地区的开发建设工作。

徐浦大桥(《解放日报》提供)

　　2010年，第41届世界博览会在上海举办，南浦大桥和卢浦大桥之间的浦东浦西地区成为世博园区，这届世博会创下了参展规模、志愿者人数、参展方自建馆数量等12个世博会之最。在南浦大桥的见证下，上海人的又一宏愿得以实现，并演绎出上海独有的精彩。

南浦大桥畔的世博会展馆(《解放日报》提供)

南浦大桥夜景

　　如今，南浦大桥建成已近30年，它宛如一条昂首盘旋的巨龙横卧在黄浦江上，看着浦江两岸来往密集的人流车流，静静地诉说着它的历史，并将见证更多的上海奇迹发生。

(张 竞)

东方明珠广播电视塔

1995年，一座造型独特的塔形建筑在上海浦东陆家嘴地区拔地而起，与浦西外滩"万国建筑博览群"隔江相望，这就是东方明珠广播电视塔。它在改革开放和浦东开发开放热潮中应运而生，曾是沪上最高建筑物，也是第一批全国AAAAA级景区，至今仍是浦东地区乃至上海市的地标性建筑。

　　回溯到上个世纪八十年代初，改革开放大潮初涌，随着上海改革开放的铺开，经济社会不断发展，老旧、低矮，数十年未曾有大变的城市面貌也发生着日新月异的变化。一个突出的标志就是市区高层建筑如雨后春笋般出现，超过24米的高层建筑从屈指可数发展到100余栋。高楼的增多也带来了新的问题，原来坐落于南京西路651号(南京西路青海路口)210米高的广播电视塔的覆盖面已不能满足需要，不但上海郊县地区电视接收信号不好，连近郊地区也受到较大影响。"老上海"们或许都还记得在家里摆弄电视机天线，调整最佳接收信号位置的情景。

　　不仅电视信号差，电视节目也很少。1980年代初，上海的电视台只有5频道和20频道，播出的电视节目也就十来套，电台广播也大抵如此，难以满足改革开放催生出来的更多精神文化方面的需求，已经能够通过各种渠道接受海外影视和录音产品的市民迫切希望

东方明珠广播电视塔

始建于1970年代的上海　　1984年上海市广播电视局　　上海市城市规划建筑管理局关于新建广播电视塔选址
电视塔及文字介绍　　　　关于新建广播电视塔致市　　的档案
　　　　　　　　　　　　领导的函件

增加电视频道和广播，以满足他们的文化需求，而老的电视塔却难以提供这些合理的"精神食粮"需要。此外，当时的上海及周边的江苏、浙江等地正在热议建设以上海为龙头的经济协作区，作为长江经济区龙头和中心城市的上海，也希望能尽快上马新电视台项目，为长江三角洲经济文化建设服务。多种因素考量下，在上海新建一座新的广播电视塔已迫在眉睫。广电部也认可上海新建电视塔的意向，希望上海的广播电视应该搞得好一些，先进一些，并具体要求在三五年内做到上海市家家户户都能看到电视。

1984年3月，上海召开八届二次人代会，时任市长汪道涵在市政府工作报告中正式提出上海将新建一座广播电视发射塔。新建电视塔，除了能够满足广播电视发展的需要以外，也被赋予了更多功能。档案记载，当时上海在规划电视塔建设时，就已经考虑到"电视塔及其附属设施作为城市中一组标志性建筑物，应选择在城市较显著位置，成为城市中的一景"。考虑到上海是许多外宾想往和旅游的城市，但可供浏览的名胜古迹甚少，同时也为广大人民提供丰富的文化娱乐场所，并吸引国内外游客，新建电视塔还要"交通方便，选在景观较好的地点，以利塔顶瞭望游览"。

经过反复勘察和研究，新电视塔选址定在尚属地广人稀的浦东陆家嘴，"选在浦东陆家嘴北首沿江至浦东公园一带较为理想……既与浦西高层建筑群相辉映，又与浦东的总体

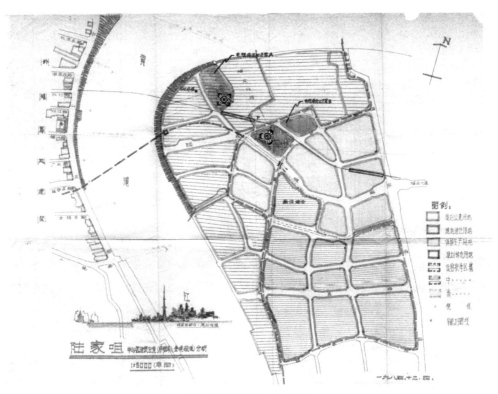

新建广播电视塔选址示意图

规划相吻合。作为上海一景，从浦西或来往船舶，均能收到极好的景观效果"。这样，既满足广播电视信号发射的技术要求，还可通过新电视塔优化城市规划布局，带动浦东地区商业发展，疏解浦西南京路、淮海路的闹市客流。

　　上海新建电视塔的消息一对外公布，立即引来各方关注，加拿大皇家银行、荷兰飞利浦公司、全日本广播电视放送协会等机构都表示了浓厚兴趣。1985年，国家宣布将上海列入进一步对外开放的14个沿海城市之一，上海也提出了早日成为现代化国际城市的目标，新建电视塔的步伐加快。1985年5月，市城建委同意塔址选定在浦东陆家嘴。1986年，新电视塔建设纳入上海第一批"九四专项"，在国内开创了利用外资以自借自还的方式建造

上海市人大代表视查东方明珠广播电视塔建设工地并听取介绍

广播电视塔的先河。

在电视塔设计过程中，上海集中了各方力量，上海的华东建筑设计院、上海市民用建筑设计院，北京广电部的广电设计院等都参与了设计工作。1988年，三家单位共12个方案一起送到市广电局。1989年3月，经多轮讨论、研究，华东院提出的名为"东方明珠"的构思与施工方案因"带有斜撑的多筒结构"的"巨型空间框架"不仅"体现高科技的结构"，还与众不同地营造了唐诗中"大珠小珠落玉盘"的独特意境，虽然建造难度很大，最终还是在众多方案中脱颖而出。

1991年7月30日，东方明珠广播电视塔正式奠基。东方明珠广播电视塔总体建筑面积近10万平方米，分两期施工建设。一期工程主要为塔体建筑，面积5.7万平方米，居当时世

建设中的东方明珠广播电视塔雄姿初现

界同类建筑物有效面积第一位。电视塔有下、上、顶三个球体，顶球太空厅中心标高342米，上球体中心标高272.5米，下球体中心标高93米，分别设有会议厅、观光层、调频机房、发射机房、旋转餐厅、瞭望平台、空中KTV包房、室内游乐场以及各种功能的设备用房。从地面大台阶进入基层塔座，塔座直径158.4米，共3层，其中心部分直径为60米，2层高的空间为电视塔大堂和电梯厅。塔内共设有6台自动扶梯和6台高速电梯，游客可乘高速电梯到达各球体观光层。

据东方明珠广播电视塔总设计师江欢成回

项目组讨论(华建集团档案室提供)

忆：重大建筑设计方案中途一般不能有较大改动，但为了精益求精，东方明珠广播电视塔设计建筑方案曾进行过两次较大的改动。第一次是提升电视塔底部大圆球的标高，按照原设计方案，这个大圆球距离地面58米，但在施工过程中，从浦江对岸外滩眺望已经建好的圆柱直筒，总觉得有些低，有人提议，有没有可能把这个大球的位置提高些，经过设计师们仔细计算，在不影响结构的情况下，把大圆球提升至离地68米，不仅增加了电视塔的下部空间，又让整体建筑在视线上拔高了许多，显得更加修长挺拔。第二次是改动顶层太空舱的小圆球体，按照原设计方案，顶层太空舱小圆球体直径只有13.8米，与其他几个大球体相比，不太成比例。但是，如要扩展，小球体直径每增加1米，就要增加几吨重量，万一建筑结构支撑不住球体，后果将不堪设想。还是经过设计师们仔细测算，得出了小圆球最多可以扩充至16米的结论。经此修改，原本"大珠小珠落玉盘"中的顶端"小珠"与

沪广局办字(91)第398号　　0043 033

上海市广播电视局 （请示）

关于"东方明珠"广播电视塔转型为股份有限公司并向社会公开募股的请示

市政府经济体制改革办公室：

位于浦东新区的上海"东方明珠"广播电视塔工程，是"八五"期间上海重大项目之一。这个工程的兴建，是为了有效地改善市民收看电视、收听调频广播效果，也是上海城市的重要标志和重要的旅游中心。第一期建设所需资金，一部分由我局向银行贷款两亿元人民币解决。但第一期建设工程还短缺两亿元人民币。同时，与之配套的第二期大型文化娱乐旅游设施仍需建设资金叁亿元人民币。

建成后的"东方明珠"广播电视塔，经测算，第一期塔的两个球体投入营业，全年将有近五千万元的收入。另外一万平方米的商场和登高观光等收入，全年也有七至八千万元，第二期大型文化娱乐餐饮旅游业投入营业，全年将有五千多万元收入。预计建成后五年可以还清本息。

对这一社会和经济效益皆很好的长线文化娱乐旅游产业，利用金融手段筹措建设资金。一方面市民投资既无风险又能从中得到实惠，另一方面也是我国文化事业用股票原式筹集资业的首次偿试，使文化事业由管理型转向经营型。由自筹资金发展为吸收一部分社会闲散资金。积极探索和开拓文化事业建设的新路子。

鉴此，经我局讨论决定，拟在国内分两步采用溢价发行一亿五

037 034
0044

千万元人民币股票。为了做好这项工作，准备将上海"东方明珠"广播电视塔转型为股份有限公司，并向社会公开募股，祈盼领导和有关部门支持批准。

一九九一年十二月二十二日

抄　报：市政府陈祥鹏副秘书长、市委宣传部
共印10份　　　　　　　　　　1991年12月24日印发

东方明珠广播电视塔转型为股份公司并向社会公开募股集资的档案

其他几个球体的比例更加协调匀称美观。

东方明珠广播电视塔的建设还是一个不断进行技术创新，克服一个又一个施工难题的过程。比如打桩，要在浦东的烂泥地上将419根方桩精确打入地下十几米深且每根桩必须承重250吨，工程建设方的叶可明总工程师提出了一个开创性举措:把整个工地往下开挖5米，使水平面整体下降5米。这样，原来十多米深的方桩，现在只用打入10米不到，这使打桩工程进度大大加快。只花了3个月，"东方明珠"的打桩任务就全部完成。这样的技术攻关还有许多：

地下20米深基础施工；

350米高直筒体施工、93米高的斜筒体施工；

竖向307米长预应力钢绞线张拉；

东方明珠广播电视塔落成后，前来参观的各地少数民族朋友在入口处大台阶合影

350米混凝土泵送；

塔身垂直度偏差控制；

高垂直运输起重；

钢结构球体吊装施工和450吨钢桅杆天线就位安装。

这8项施工新工艺在国内均处于领先地位，创出了多个"国内第一"。主塔塔体施工采用了内筒外挂整体式自动提升钢平台体系是国内首创，保证了垂直筒体施工顺利进行；钢结构球体及太空舱安装在中国高耸结构吊装史上开创了一项新的纪录；450吨重的钢天线桅杆安装采用了倒装法拼装、整体提升一次到位的施工方案，同步控制技术和液压提升工艺达到国际先进水平。

除了建设缘由、设计施工，建设东方明珠广播电视塔的资金筹措也很有故事。虽然在建设之初，东方明珠广播电视塔工程就已经列入上海"九四专项"，解决了部分建设资金，但据估算第一期建设工程还短缺两亿元，再算上将要进行的第二期工程，资金缺口更大。为此，上海市广播电视局通过研究，向上海市委、市政府提议将上海广播电视塔转型为股份有限公司，并推动其上市公开募股筹资。市广电局认为，利用金融手段筹措建设资金，可以吸收一部分社会闲散资金弥补以往靠自筹资金建设的传统做法，既解决广播电视塔建设的资金缺口，同时也探索和开拓一条文化事业市场化运作的新路子。而且从长远看，当时预估广播电视塔建成后，第一期仅塔的两个球体每年就将有近五千万元营业收入，加上商场和登高观光等，全年收入将达七八千万元，如果再算上第二期的文化娱乐和餐饮旅游业投入营业，全年收入将会更多。因此，广播电视塔是一个社会效益和经济效益都很好的长线文化娱乐旅游产业，股民投资既无风险又能从中得到实惠。

市委、市政府有关部门同意了这一设想，1992年5月3日，经中国人民银行上海市分行批

建成之初的东方明珠广播电视塔在浦东陆家嘴"一枝独秀"

黄浦江畔的"东方明珠"

准，以在建的电视塔为依托的上海东方明珠(集团)股份有限公司正式对外发行股票4.1亿元，其中，公司发起方认购3.7亿元，向社会法人招募2千万元，另外2千万元向社会个人公开发行，每股面值10元，发行价格51元，1994年2月24日，上海东方明珠(集团)股份有限公司正式在上海证券交易所挂牌上市，开创了我国文化事业用股票形式筹集资金的首次偿试。

解决了一系列施工中的难题和资金问题，东方明珠广播电视塔加快了建设步伐。1993年12月14日，仅用27个月，"东方明珠"塔350米立体结构封顶，工期比原计划提前了105天；1994年5月1日，经过11天的攀升，重450吨的广播电视发射天线钢桅杆安装就位成功。发射天线钢桅杆长110米，居世界第一位。这样，主塔的实际地面标高为468米，仅次于加拿大多伦多电视塔(553.3米)和俄罗斯莫斯科奥斯坦金电视塔(533.5米)。塔体总重量为

一览上海美景的"东方明珠"塔内旋转餐厅

越南客人参观"东方明珠"

澳大利亚客人参观"东方明珠"

12万吨，是世界闻名的法国巴黎埃菲尔铁塔的17倍。就在东方明珠广播电视塔主体建筑工程即将完工之际，却发现已经铺就好的入口处38米宽的大台阶又有了新问题。原来，按照测算，东方明珠广播电视塔投入使用后需要满足每天不少于1万人次的接待量，建筑入口

2019年1月，小朋友们在"东方明珠"塔下的溜冰场打早冰球(《解放日报》提供)

的台阶必须更宽敞些，这样人们走起来才不会发生拥挤，外观上看起来也更大气。从长远考虑，最后狠狠心还是推倒重来，大台阶宽度从原来38米调扩到68米，原本台阶前面的直行走廊也一并改为宽广的圆形广场。经此改造，电视塔日接待量即便达到36000人次时，依然可以应付自如。

1994年10月1日国庆节，已经完成塔内底层大厅装饰竣工，登塔观光设施和主体照明系统的东方明珠广播电视塔投入运营，开门迎客。这一集观光、餐饮、购物、娱乐于一体的独特建筑瞬间引爆上海和各地游客的参观热情，到"东方明珠"登高，一览浦江两岸景色成为上海和外地游客的不二选择，在267米的上球体旋转餐厅用餐一时间也成为高、大、上的时尚生活方式。通过世界首部360度全透明三轨圆形高速观光电梯，游客可以在极短时间内从零米大厅到达位于第一个球体内的换乘大厅……东方明珠广播电视塔马上成为当时上海最热门的旅游景点和新的地标，门口每天都排起了长长的参观队伍，客流量大大超过预期，这似乎也证明了当初改建入口大台阶和圆形广场的预见性。

1995年5月1日，沐浴着改革开放的春风，凝聚、倾注着设计者和建设者的辛勤劳动和无私奉献，体现上海人民创造性劳动结果和建设者智慧结晶的东方明珠广播电视塔正式启用。新的广播电视塔覆盖整个上海市及邻近省份80公里半径范围内的地区，可同时发射9套电视节目和10套调频广播节目，大幅度改善了上海市及邻近省份的广播电视收听、收视质量。"东方明珠"还以其优异的建筑施工水平获得中国土木工程詹天佑奖一等奖，还在新中国50年上海经典建筑评选中获得金奖。如同预期，东方明珠广播电视塔创造了良好的经济效益，建塔时曾向40余家银行机构等贷款8.3亿元，不到6年就全部还本还息。截至2005年正式运行10周年之际，东方明珠广播电视塔参观人数达2870万人次，营业收入22.36亿元。

不仅如此，东方明珠广播电视塔作为浦东开发开放后第一个重点工程，还成为展示上海改革开放成就的重要内外事接待场所。"东方明珠"正式启用后，当年就接待了15位外国元首和首脑登塔参观，建成10年内就接待了295位外国首脑，举办了100多次世界级重要会议和300多场大型活动。2001年，APEC会议在上海举行，广播电视塔以其专业优势成为会议主新闻中心，各国记者通过这里先进的专业设备，及时将会议情况传播到世界各地。

与日新月异的上海一样，东方明珠广播电视塔建成使用后也一直在变。2004年，东方明珠广播电视塔对灯光设备进行了节能技术改造，以发光二极管代替了原来的光源，夜幕下的"东方明珠"更加璀璨夺目。2009年，东方明珠广播电视塔259米高的"悬空观光廊"对游客开放。透过24组扇形玻璃观景走廊，游客仿佛在"云端"漫步，全新体验黄浦江水在脚下流淌，欣赏浦江两岸的美景。2012年底到2013年初，东方明珠广播电视塔对"太空舱"进行了改造，互动视屏、时空交错机、裸眼3D等高科技元素的融入使位于广播电视塔最高球体的"太空舱"更加名副其实。

今天，再登上东方明珠广播电视塔这座地标性建筑，你会发现，上海的高楼增多了，天更蓝了、水更绿了，也更加时尚，更具活力，更具"国际范"了。

（倪政华）

后 记

　　本书收入的14篇文章是上海市档案局(馆)"跟着档案看上海"专题研究的阶段性成果，是各位作者辛勤付出的结果，也是市档案局(馆)各部门通力合作的结果。

　　本书选用的档案和照片绝大部分源于上海市档案馆的馆藏。感谢黄浦区档案馆、浙江宁波奉化市档案馆等同业对本书编辑出版的大力支持，档案文化传播需要更多档案界同行的共同参与。同时也要感谢解放日报社、长宁区地名办、华建集团、上海机施公司等单位在本书编辑出版过程中的鼎力相助。本书责任编辑陈立群先生在精心审校书稿之外，还多方查找，为本书提供了珍贵的影像资料，在此一并表示感谢。希望社会各界更多地关心、支持档案工作，共同参与档案事务，推动档案事业不断进步。

编　者

2020年11月